CHEMISTRY OF FIRE PREVENTION

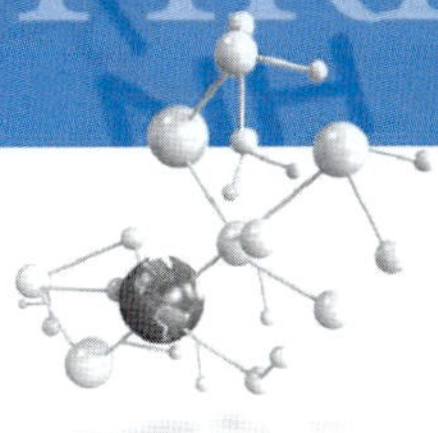

개정증보판

소방화학

김명철

녹 문 당

초판 머리말

앎의 깊이가 얕기만 한데 작은 결실을 맺게 되어 먼저 하나님께 감사드린다.

소방화학은 소방학 전공자들에게 화학의 기초 이론을 소개하고 위험물질론과 소화약제론 및 연소학을 이해하는 데 필요한 화학적 소양을 갖추게 하는 과목이다. 이를 위해 본서는 일반화학적 요소와 함께 소방학 전반에 관한 화학적 이해를 주된 내용으로 구성하였다.

이 책에도 추구하는 방향이 있다. 정확한 지식을 쉽고 간결하게 표현하는 것이 그것이다. 그러기에 혼자서 편하게 대할 수도 있고 훌륭한 강의자를 통해 무한정 그 깊이를 더할 수도 있을 것 같다.

각 단원마다 고유의 영역을 간결하지만 폭넓게 다루었으며 제3장의 명명법은 화합물의 일반적 명명법과 함께 소화약제의 명칭을 그 종류별로 상세하게 정리해 보았다. 그리고 제6장 연소와 소화는 소방학개론적인 용어 소개가 아니라 연소학의 기초를 화학반응의 관점에서 소개하였다. 물질론과 화학양론 그리고 상론을 다룬 각 장은 독자들에게 위험물의 이해와 소화약제의 작용 메커니즘에 대한 정보를 제공할 수 있으리라 여겨진다.

위험물질론 외국서적 번역서에 의존하고 있는 국내 소방화학 분야의 현실 앞에 대학교재로서의 전문서를 처음 제시한다는 기쁨 없는 바 아니나 저자의 능력과 초간본이 가지는 필연적 부족함이 조심스럽기만 하다. 독자 여러분의 질책과 조언 기대하는 마음 크다.

책의 출간을 흔쾌히 맡아주신 녹문당 출판사 김중현 사장님과 편집위원들께 깊이 감사드리며 멋진 표지 사진을 제공해 준 전형민 군과 엄동설한 방학 내내 원고 정리를 도운 정시훈 군에게도 감사하는 마음이다.

2012년 6월

저 자

개정증보판 머리말

늘 창출되고 있는 새로운 지식과 정보에 동조하여 개정증보판을 내놓게 되었다. 결실이라는 의미의 기쁨과 감사를 먼저 하나님께 올린다. 아울러 본서를 아껴주신 여러 독자 제위께는 초간본 이후 4년 만이라는 기간이 송구스럽기만 하다.

이번 개정증보판에서는 초간본에서의 오탈자 부분에 대한 수정 및 보완과 함께, 위험물질의 분류와 종류별 특성, 할론소화약제의 종류별 특성, 할로겐화합물 및 불활성기체 소화약제의 분류와 종류별 특성 부분이 새롭게 추가되었다.

초간본에서와 마찬가지로 본서가 국내 소방학 전공자들에게 사랑받는 대학교재로 자리매김되기를 기대하는 마음 여전하지만, 저자의 학문적 한계와 부족함이 늘 염려로 남아 있음도 또한 부인할 수 없다. 그렇기에 본서에 대한 여러 독자 분들과 선후학 제현들의 애정 어린 질책과 조언을 바라는 마음 간절할 따름이다.

책의 출간을 늘 흔쾌히 수락해주시는 도서출판 녹문당 김중현 사장님께 다시금 감사드리며 편집과 교정으로 애써주신 분들께도 고마운 마음을 전한다.

2016년 8월

저 자

차 례

Chapter 1 물질의 구성과 분류

Chapter 2 화학양론과 측정

Chapter 3 물질의 명칭

Chapter 4 화학결합

Chapter 5 화학반응의 종류와 속도

Chapter 6 연소와 소화

Chapter 7 기 체

Chapter 8 액체와 고체

Chapter 9 산과 염기

Chapter 10 산화와 환원

Chapter 11 에너지와 열화학

Chapter 12 고분자 중합체

CHAPTER

1 물질의 구성과 분류

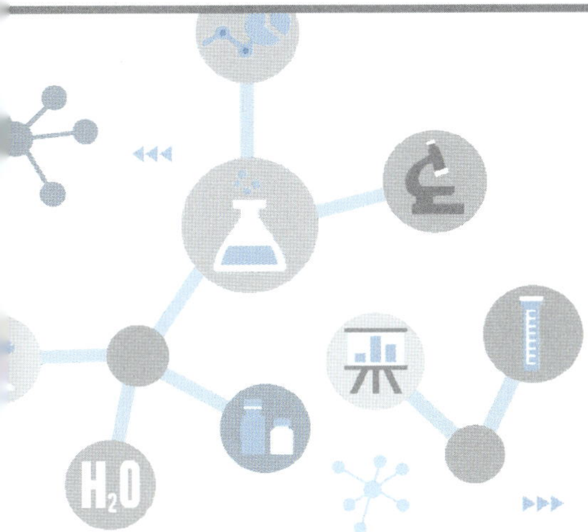

1.1 원자(Atom)

물질을 구성하는 가장 작은 기본단위가 원자이다. 원자(atom)는 a(=not)+tom(=divide) '더 이상 쪼갤 수 없는'이라는 어원적 의미에서 보듯이 일반적으로는 더 이상 분해할 수 없는 입자이다. 실제로 존재하는 수백만 종의 물질들도 이 원자들의 몇 개가 결합하여 이루어진 분자들의 집합체이다.

19세기 초 John Dalton은 더 이상 쪼개지지 않는 독립된 입자들이 물질을 이루는 기본단위이며, 이것들은 서로 구분된 크기와 특성이 있다고 주장하였다. 또한 원자는 그 고유한 특성이 고정되어 있어서 화학반응과 같은 과정을 통해서도 다른 원자로 변하지 않는다고 하였다.

소위 원자론이라고 불리는 Dalton의 이 가설을 기초로 하여 20세기 중반까지 J.J. Thomson, R.A. Millikan, J. Chadwick, E. Rutherford 등의 과학자들을 통해 원자의 구조가 밝혀지게 되었다.

원자는 중심부에 있는 핵(nucleus)과 그 주위에 존재하는 전자들(electrons)로 구성되어 있다. 핵은 그 크기가 원자 전체부피에 비해 지극히 작지만 원자의 질량이 집중되어 있고 양성자(proton)와 중성자(neutron)로 이루어져 있다. 핵을 구성하는 이 두 입자를 핵자(nucleon)라고 한다. 전자는 핵 주위의 공간에 존재하며 질량이 핵자에 비해 지극히 가볍지만 그 분포된 공간이 원자의 크기를 결정한다.

1.1.1 원자번호(atomic number, Z)와 질량수(mass number, A)

원자를 구분하는 대표적인 방법이 원자번호이다. 원자를 가리키는 또 다른 명칭인 원소(element)는 100여 종이 있다. 원자번호는 1번 수소로부터 시작하여 각 원소마다 고유한 숫자로 그 원소를 표현한다. 원자번호는 실제로 각 원소에 존재하는 양성자 개수를 나타내고 있으며 중성원자의 경우 그 원자가 가진 전자들의 총 개수를 의미한다.

질량수 역시 특정 원자를 다른 원자로부터 구별하는 데 사용된다. 모든 원자들이 각기 다른 원자번호를 가짐과 같이 각 원자의 질량 또한 모두 다르다. 질량수는 실제로 그 원자가 가진 핵자의 개수를 나타낸다.

〈표 1-1〉 원자 구성 입자들의 특성

종 류	기 호	상대 전하	상대 질량	실제 질량(g)
양성자	P^+	+1	1	1.673×10^{-24}
중성자	n	0	1	1.675×10^{-24}
전자	e^-	−1	1/1840	9.110×10^{-28}

1.1.2 동위원소(isotope)

원자번호는 같으나 질량수가 다른 원소들이 동위원소이다. 즉 핵 속의 양성자 개수는 동일하지만 중성자 개수가 서로 다른 원소들을 가리킨다. 예로서 원자번호가 1인 수소원자는 중성자가 없는 수소(hydrogen)와 1개 있는 수소(=중수소, deuterium), 2개 있는 수소(삼중수소, tritium) 형태의 3개의 동위원소가 존재한다. 100여 종의 원소들 중 대부분의 원자들이 동위원소를 가지고 있어서 실제로 원자 질량의 표현시 동위원소들의 상대적 분포 비율과 질량을 평균한 값으로 나타낸다. 예를 들어 염소원자의 경우 질량수가 35인 원자와 37인 원자가 동위원소로 존재하는데, 자연계에서의 존재 비율이 약 3 : 1 정도이다. 따라서 염소원자의 질량은 35.5가 된다.

1.1.3 원자량(atomic weight)

원자 1개의 질량을 원자량이라 한다. 원자량의 단위는 amu(atomic mass unit)이며 $^{12}_{6}C$의 질량을 12로 기준하였을 때의 상대적인 질량비로 표현된다. 동위원소로 인해 소수점 아래로 나타나는 평균 원자량의 단위도 모두 amu이다. amu와 g(그램)의 관계는 2.3절 몰 단원에서 다루고자 한다.

1.1.4 원소기호(atomic symbol)

원자들을 구분하기 위해 간단한 기호 또는 약자로 표현한 것이 원소기호이다. 원소기호는 대부분 1개 혹은 2개의 영어 알파벳으로 표기하는데, 첫 번째의 것은 반드시 대문자로, 다음의 것은 소문자로 나타낸다.

원소기호의 표현 방법 중 가장 대표적인 경우는 원소의 원래 영어식 명칭을 약자로 표현한 것이다. 수소(Hydrogen, H), 산소(Oxygen, O), 아르곤(Argon, Ar), 칼슘(Calcium, Ca) 등 대부분의 원소기호가 여기에 속한다. 그러나 오래전부터 인류의 문명과 함께했던 대표적 금속원소들은 영어 명칭과 상관없이 라틴어 명칭에서 유래된 것이 많다. 예로서 금(gold, Au), 은(silver, Ag), 구리(copper, Cu), 철(iron, Fe) 등을 들 수 있다. 이 밖에도 인명이나 지명 등 고유명사에서 유래된 퀴륨(Curium, Cm), 아인스타인늄(Einsteinium, Es), 멘델레븀(Mendelevium, Md), 노벨륨(Nobelium, No), 어메리슘(Americium, Am), 캘리포늄(Californium, Cf), 유로피움(Europium, Eu) 등이 있다.

원소기호를 통해 원자를 나타낼 때 원자번호와 질량수를 함께 표기하는 경우가 많다. 이 경우 원자번호는 원소기호의 왼편 아래쪽에, 질량수는 왼편 위쪽에 표기한다.

$$ {}^{A}_{Z}\text{원소기호} \qquad {}^{235}_{92}\text{U} $$

1.2 분자(Molecule)

물질을 구성하는 가장 작은 기본단위가 원자이다. 그러나 어떤 의미에서는 분자가 물질의 기본단위라고 할 수 있다. 분자는 물질의 고유한 성질을 유지하고 있는 상태에서 가장 작은 단위이기 때문이다. 분자가 원자로 쪼개어지면 더 이상 그 물질의 특성을 유지할 수 없다. 예를 들어 물이라는 물질은 수소원자 2개와 산소원자 1개로 구성된 H_2O라는 분자로 이루어져 있다. 만약 이 H_2O 분자를 더 쪼개어 수소원자와 산소원자로 분해한다면 물이라는 물질이 가지는 고유한 성질은 잃어버리게 된다. 그러므로 물질은 기본단위가 분자라고 할 수 있으며, 분자들의 종류와 혼합 형태에 따라 다양한 종류가 존재한다.

한 종류의 분자로만 이루어진 물질이 순물질(pure substance)이며 두 종류 이상의 분자가 섞인 것을 혼합물(mixture)이라 한다. 혼합물 중 분자들의 혼합이 균일하여 공간적 위치에 따라 조성이 동일한 것을 균일혼합물(homogeneous mixture)이라 하고 달라지는 것을 불균일혼합물(heterogeneous mixture)이라 한다. 혼합물로부터 순물질을 분리하는 과정은 여과, 침전, 증류 등의 물리적 방법으로 대부분 가능하다.

순물질은 한 성분으로 구성되어 있으나 세 가지 형태의 분자로 존재한다. 즉 단원자분자(uniatomic molecule), 단체(elements), 화합물(compound)의 형태이다. 헬륨(He), 네온(Ne), 아르곤(Ar) 등 불활성기체(noble gas) 6개 원소는 원자 1개가 곧 분자 역할을 한다. 이것들을 가리켜 단원자분자라고 한다. 그러나 2개 이상의 원자로 구성된 일반적인 분자들은 그 구성 성분이 한 종류의 원소로만 구성된 것과 두 종류 이상의 것으로 구분된다. 전자의 경우가 단체이며 후자의 경우가 화합물이다.

- 물질(matter)
  - 순 물 질
    - 단원자 분자 ex) He, Ne, Ar
    - 단체 ex) N_2, O_3, S_8
    - 화합물 ex) H_2O, CO_2, $CaCl_2$
  - 혼합물질
    - 균일혼합물 ex) 우유, 공기, 합금
    - 불균일혼합물 ex) 흙탕물, 피자(pizza), 연기

[그림 1-1] 물질의 분류

1.3 이온(Ion)

전기적으로 중성이 아닌 원자와 원자단을 이온이라 한다. 전자의 이탈로 인해 양하전된 것을 양이온(cation), 전자 유입으로 인해 음하전된 것을 음이온(anion)이라 한다.

1.3.1 이온의 크기

이온은 그 크기가 중성 원자를 기준으로 양이온은 작고 음이온은 크다. 원자의 크기를 결정하는 것은 전자들의 분포이므로 중성 원자에 비해 전자를 잃어버린

양이온은 그 크기가 작아지고, 반대로 전자를 더 받아들인 음이온은 상대적으로 더 커지게 된다. 여기에는 양하전된 핵과 음하전된 전자들 사이의 정전기적 인력과 전자껍질의 개수가 관여한다. 따라서 동일한 전자껍질을 사용하는 이온들의 경우 원자번호가 클수록 핵과 전자 사이 인력이 증가하여 이온반지름(ionic radius)은 더 작아지게 된다.

1.3.2 단원자이온(uniatomic ion)과 다원자이온(polyatomic ion)

1개의 원자로 된 이온이 단원자이온이며 2개 이상의 원자로 구성된 것이 다원자이온이다. 이 이온들의 명칭과 전하 크기는 화합물의 명명이나 산화-환원반응에서 매우 중요하다.

〈표 1-2〉 몇 가지 이온들

단원자이온	다원자이온
H^+ 수소(hydrogen)이온, 양성자(proton)	H_3O^+ 히드로늄(hydronium)이온
Na^+ 소듐(sodium)이온	NH_4^+ 암모늄(ammonium)이온
K^+ 포타슘(potassium)이온	OH^- 수산화(hydroxide)이온
Ca^{2+} 칼슘(calcium)이온	NO_3^- 질산(nitrate)이온
Al^{3+} 알루미늄(aluminium)이온	NO_2^- 아질산(nitrite)이온
H^- 수소음(hydride)이온	ClO_4^- 과염소산(perchlorate)이온
Cl^- 염소(chloride)이온	ClO_3^- 염소산(chlorate)이온
O^{2-} 산소(oxide)이온	SO_4^{2-} 황산(sulfate)이온
S^{2-} 황(sulfide)이온	CO_3^{2-} 탄산(carbonate)이온
N^{3-} 질소(nitride)이온	HCO_3^- 중탄산(bicarbonate)이온
F^- 불소(fluoride)이온	MnO_4^- 과망간산(permanganate)이온
P^{3-} 인(phosphide)이온	$Cr_2O_7^{2-}$ 중크롬산(dichlomate)이온

1.3.3 등전자이온(isoelectronic ion)

이온이 가지는 전자 개수가 동일한 단원자이온들을 등전자이온이라 한다. 등전자이온은 서로 다른 양성자 수에 의해 그 크기가 달라진다. 동일한 전자 개수에 대해 양성자 개수가 많아질수록 핵과 전자들 사이의 인력이 증가하여 이온 크기가 작아지게 된다. 즉 등전자이온들은 크기와 원자번호가 서로 반대되는 경향을 나타내게 되어 원자번호가 가장 작은 것이 가장 큰 이온반지름을 가진다.

$$_{13}Al^{3+} < {}_{12}Mg^{2+} < {}_{11}Na^{+} < {}_{9}F^{-} < {}_{8}O^{2-} < {}_{7}N^{3-}$$

등전자이온들의 반지름 크기

1.4 원자궤도(Atomic Orbital, AO)

한 원자 내 전자들이 분포하는 집중된 공간을 원자궤도라고 한다. 이것은 원자궤도함수 또는 원자오비탈이라고도 하는데, 핵을 중심으로 특정한 거리와 방향에 의해 고정된 지점에서 전자가 발견될 수 있는 확률 값으로 나타난다. 이는 Schrödinger의 파동방정식을 구성하는 파동함수(Ψ)의 제곱을 통해 그 크기와 모양이 결정된다. 그러나 쉬운 이해를 위해 원자궤도는 흔히 정형화된 전자구름의 형태로 표현된다. 예를 들어 s(sharp)궤도는 구형, p(parallel)궤도는 삼차원 축 방향으로 3개의 아령모양, d(diffuse)궤도는 5개의 특징적인 형태를 가진다. 이 밖에도 7개의 f(fundamental)궤도가 있다. 또한 이 원자궤도들은 핵으로부터 특정 거리에 존재하는 전자껍질(shell)에 속해 있다. 전자껍질들은 핵으로부터 가까운 순서로 첫 번째(K shell), 두 번째(L shell), 세 번째(M shell), 네 번째(N shell) 등이 존재하는데, 원자궤도들은 여기에 소속되어 있다. 예를 들어 $2p$궤도는 두 번째 껍질인 L 껍질의 p궤도를 가리키며, $3d$는 M 껍질에 소속된 d궤도를 가리킨다. 껍질의 번호를 n이라 할 때 각 껍질이 수용할 수 있는 전자의 총 개수는 $2n^2$개이다.

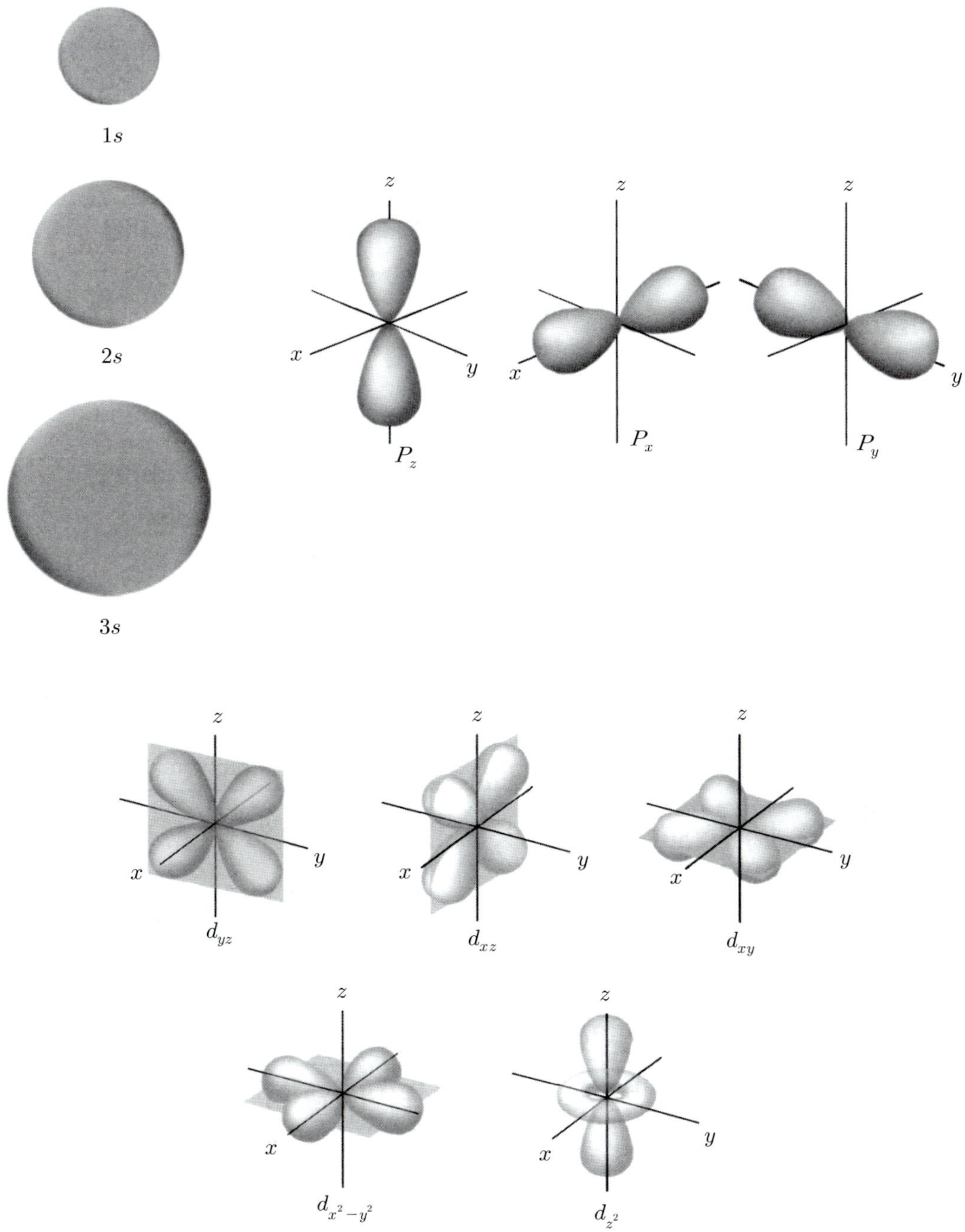

[그림 1-2] **원자궤도함수의 모양**

1.4.1 전자배치(electron configuration)

원자 내 전자들이 분포하는 형태는 매우 규칙적이어서 원자궤도에 순서적으로 채워진다. 전자배치는 원자 내 전자구조(electronic structure)를 가리키는데, Aufbau 원리와 Hand 규칙에 의해 다음과 같은 순서로 전자가 채워진다.

$$1s^2 2s^2 2p^6 3s^2 3p^6 4s^2 3d^{10} 4p^6 5s^2 4d^{10} 5p^6 6s^2 \ldots$$

전자가 채워지는 순서 ⟶

예를 들어 원자번호가 11인 Na 원자의 전자배치는 $1s^2 2s^2 2p^6 3s^1$이 되고, 22인 Ti 원자는 $1s^2 2s^2 2p^6 3s^2 3p^6 4s^2 3d^2$가 된다. 불활성기체의 전자배치를 이용하여 간략하게 표현하면 $_{11}Na$는 $[_{10}Ne]3s^1$이 되고, $_{22}Ti$은 $[_{18}Ar]4s^2 3d^2$가 된다. 이 순서에서 $_{24}Cr$과 $_{29}Cu$는 예외이다.

$$_{24}Cr : [_{18}Ar]4s^2 3d^4 \rightarrow [_{18}Ar]4s^1 3d^5$$
$$_{29}Cu : [_{18}Ar]4s^2 3d^9 \rightarrow [_{18}Ar]4s^1 3d^{10}$$

1.4.2 Pauli의 배타원리

Pauli의 배타원리(exclusive principle)는 전자궤도 내 전자배치에 관한 것인데, 1개의 전자궤도에 들어갈 수 있는 전자는 2개이며 이것은 반드시 스핀 방향이 다른 것들로 짝을 이루어야 한다는 것이다. 즉 동일한 스핀 방향의 두 전자는 한 궤도 속에 들어갈 수 없다는 원리이다.

1.5 양자수(Quantum Number)

한 원자 내 존재하는 여러 개의 전자들 중 특정 전자 1개를 규정하는 방법이 양자수이다. 이것은 네 가지 종류의 양자수를 통해 그 범위를 점점 좁혀가는 방법이다.

1.5.1 주양자수(principal quantum number, n)

주양자수는 전자껍질을 지정하는 숫자이다. 즉 n=1은 K 껍질, n=2는 L 껍질, n=3은 M 껍질, n=4는 N 껍질을 가리킨다. 그러므로 주양자수는 전자의 주소를 규정하는 데 있어서 가장 큰 범위를 한정해 준다.

1.5.2 방위양자수(azimuthal quantum number, ℓ)

부양자수라고 말하기도 하는 방위양자수는 원자궤도의 종류를 지정해 준다. 즉 $\ell=0$은 s궤도를, $\ell=1$은 p궤도를, $\ell=2$는 d궤도를, $\ell=3$은 f궤도를 가리킨다. 따라서 주양자수가 3이고 방위양자수가 2라면 $3d$궤도를 가리키는 것이다.

1.5.3 자기양자수(magnetic quantum number, M_ℓ)

자기양자수는 원자궤도 중 동일한 에너지 준위의 여러 개 궤도들을 서로간에 구분지어 주는 역할을 한다. s궤도는 항상 1개의 전자궤도만이 존재하지만 p궤도는 3개, d궤도는 5개, f궤도는 7개의 동일한 에너지 준위의 전자궤도가 있다. 따라서 자기양자수 ℓ은 $-\ell$로부터 0을 거쳐 $+\ell$까지 동일 에너지 준위 전자궤도들을 구분한다. 예를 들어 3개의 p궤도($\ell=1$)는 각각 M_ℓ 값이 -1, 0, $+1$로 구분된다.

$$
\begin{array}{llllllll}
s\text{궤도}(\ell=0) & \overline{0} \\
p\text{궤도}(\ell=1) & \overline{-1} & \overline{0} & \overline{+1} \\
d\text{궤도}(\ell=2) & \overline{-2} & \overline{-1} & \overline{0} & \overline{+1} & \overline{+2} \\
f\text{궤도}(\ell=3) & \overline{-3} & \overline{-2} & \overline{-1} & \overline{0} & \overline{+1} & \overline{+2} & \overline{+3}
\end{array}
$$

[그림 1-3] 자기양자수 표현

1.5.4 스핀양자수(spin quantum number, M_s)

스핀양자수는 한 궤도 속에 들어가는 2개의 전자들을 스핀상태로 구분지어 주는 역할을 한다. 즉 먼저 채워지는 전자는 $+\frac{1}{2}$로, 나중에 채워지는 전자는 $-\frac{1}{2}$로 규정한다.

$$\uparrow : M_s = +\frac{1}{2}, \quad \downarrow : M_s = -\frac{1}{2}$$

예제 1-1

$(3, 2, 0, -\frac{1}{2})$로 표현되는 양자수를 가진 전자는 어떤 원자에 최종적으로 채워지는 전자인가? 원자번호를 밝히시오.

풀이 먼저 주양자수가 3, 방위양자수가 2로부터 $3d$궤도에 있는 전자임을 알 수 있다. 또한 d궤도 5개 중 자기양자수가 0인 궤도는 한가운데에 있는 세 번째 궤도이다. 그리고 스핀양자수가 $-\frac{1}{2}$이므로 이미 궤도에 먼저 채워진 전자가 있었음을 알 수 있다.

$3d$ $\underline{\uparrow\downarrow}$ $\underline{\uparrow\downarrow}$ $\underline{\uparrow\downarrow}$ $\underline{\uparrow}$ $\underline{\uparrow}$.

그러므로 $3d^8$ 전자이므로 원자번호 28인 Ni 원자이다.

정답 : 28

1.6 전기음성도(Electronegativity)

원자가 주위로부터 전자를 당기는 성향이 전기음성도이다. 원자마다 전기음성도는 다르며 그 크기가 클수록 전자를 끌어당기는 힘도 강하다. 전기음성도가 큰 원소와 공유결합을 형성하면 공유전자가 한쪽으로 편중되게 되어 극성공유결합

H 2.1																
Li 1.0	Be 1.5											B 2.0	C 2.5	N 3.1	O 3.5	F 4.0
Na 1.0	Mg 1.3											Al 1.5	Si 1.8	P 2.1	S 2.5	Cl 3.0
K 0.9	Ca 1.1	Sc 1.2	Ti 1.3	V 1.5	Cr 1.6	Mn 1.6	Fe 1.7	Co 1.7	Ni 1.8	Cu 1.8	Zn 1.7	Ga 1.8	Ge 2.0	As 2.2	Se 2.4	Br 2.8
Rb 0.9	Sr 1.0	Y 1.1	Zr 1.2	Nb 1.3	Mo 1.3	Tc 1.4	Ru 1.4	Rh 1.4	Pd 1.5	Ag 1.4	Cd 1.5	In 1.5	Sn 1.7	Sb 1.8	Te 2.0	I 2.2
Cs 0.9	Ba 0.9	La 1.1	Hf 1.2	Ta 1.4	W 1.4	Re 1.5	Os 1.5	Ir 1.6	Pt 1.5	Au 1.4	Hg 1.5	tl 1.5	Pb 1.6	Bi 1.7	Po 1.8	At 2.0
Fr 0.9	Ra 0.9	Ac 1.0	Lanthanides : 1.0~1.2 Actinides : 1.0~1.2													

[그림 1-4] 원소들의 전기음성도

을 나타내게 된다. 각 원자의 전기음성도는 원자 크기에 대한 전하 크기 비를 나타내는 전하밀도에 비례한다.

1.7 이온화에너지(Ionization Energy, I.E)

원자로부터 전자를 제거하여 양이온을 만드는 데 필요한 에너지가 이온화에너지이다. 즉 기체 상태의 중성 원자로부터 전자 1개를 떼어내 +1가의 양이온을 만드는 데 소비된 에너지라 할 수 있다. 특히 이 경우를 제1이온화에너지라고 하며 두 번째 혹은 세 번째 전자를 떼어내는 데 필요한 에너지는 각각 제2이온화에너지, 제3이온화에너지라고 한다. 양이온으로의 이온화는 항상 에너지를 필요로 하는 흡열과정이어서 이온화에너지는 항상 양의 값을 갖는다.

이와는 반대적인 개념이 전자친화도(electron affinity, E.A)이다. 전자친화도는 중성 원자에 전자를 첨가하여 음이온을 생성시키는 데 수반되는 에너지를 가리킨다. 이 과정은 대부분 발열과정이어서 전자친화도는 일반적으로 음의 값을 가지나 예외적으로 양의 값을 갖는 경우도 있다.

〈표 1-3〉 원소들의 이온화에너지(kJ/mol)

원소기호(족)	제1	제2	제3	제4
H (ⅠA)	1,312			
He (ⅧA)	2,371	5,247		
Li (ⅠA)	520	7,297	11,810	
Be (ⅡA)	900	1,757	14,840	21,000
B (ⅢA)	800	2,430	3,659	25,020
C (ⅣA)	1,086	2,352	4,619	6,221
Na (ⅠA)	495.8	4,565	6,912	9,540
Mg (ⅡA)	737.6	1,450	7,732	10,550
Al (ⅢA)	577.4	1,816	2,744	11,580
K (ⅠA)	418.8	3,069	4,600	5,879
Ca (ⅡA)	589.5	1,146	4,941	6,485

〈표 1-4〉 원소들의 전자친화도(kJ/mol)

I A	II A	III A	IV A	V A	VI A	VII A
H −73						
Li −60	Be +100	B −27	C −122	N +9	O −141	F −328
Na −53	Mg +30	Al −44	Si −134	P −72	S −200	Cl −348
K −48		Ga −30	Ge −120	As −77	Se −195	Br −325
Rb −47			Sn −121	Sb −101	Te −190	I −295

1.8 주기율표(Periodic Table)

100여 종의 원소들을 특성과 크기에 따라 분류한 것이 주기율표이다. 현대적인 주기율표를 완성하는 데에는 D. Mendeleev의 역할이 가장 컸다고 할 수 있다.

1.8.1 족(group)과 주기(period)

주기율표의 구성 중 세로 줄(column)을 족(group)이라 하고 가로 줄(row)을 주기(period)라고 한다. 족은 동일한 세로 줄에 속한 원소들로 구성되며 동일한 화학적 특성을 가진다. 그러나 주기는 구성 원소들의 크기가 유사하다는 점이 특징이다. 족의 번호는 일반적으로 로마숫자로 표기하는데, 주족의 경우 소속 원자의 최외각 전자껍질(원자가)의 전자 개수와 일치한다. 주기의 번호는 일반적으로 아라비아숫자로 표기하며 소속 원자들의 최외각 전자껍질을 나타내는 주양자수와 일치한다.

족은 크게 A족과 B족으로 구분하며 족마다 명칭이 있다. A족은 주족원소(representative elements)라 하고 B족은 전이원소(transition elements)라고 한다.

	IA	IIA	IIIB	IVB	VB	VIB	VIIB	VIIIB			IB	IIB	IIIA	IVA	VA	VIA	VIIA	0
1	1 H 1.00794																	2 He 2.1
2	3 Li 6.941	4 Be 9.01218											5 B 10.811	6 C 12.011	7 N 14.00674	8 O 15.9994	9 F 18.99840	10 Ne 20.1797
3	11 Na 22.9897	12 Mg 24.3050											13 Al 26.98154	14 Si 28.0855	15 P 30.97376	16 S 32.066	17 Cl 35.4527	18 Ar 39.948
4	19 K 39.0983	20 Ca 40.078	21 Sc 44.95591	22 Ti 47.88	23 V 50.9415	24 Cr 51.9961	25 Mn 54.9380	26 Fe 55.847	27 Co 58.93320	28 Ni 58.69	29 Cu 63.546	30 Zn 65.39	31 Ga 69.723	32 Ge 72.61	33 As 74.92159	34 Se 78.96	35 Br 79.904	36 Kr 83.80
5	37 Rb 85.4678	38 Sr 87.62	39 Y 88.90585	40 Zr 91.224	41 Nb 92.90638	42 Mo 95.94	43 Tc 98.9072	44 Ru 101.07	45 Rh 102.90550	46 Pd 106.42	47 Ag 107.8682	48 Cd 112.411	49 In 114.82	50 Sn 118.710	51 Sb 121.75	52 Te 127.60	53 I 126.90447	54 Xe 131.29
6	55 Cs 132.90543	56 Ba 137.327	57 La 138.9055	72 Hf 178.49	73 Ta 180.9479	74 W 183.85	75 Re 186.207	76 Os 190.2	77 Ir 192.22	78 Pt 195.08	79 Au 196.96654	80 Hg 200.59	81 Tl 204.3833	82 Pb 207.2	83 Bi 208.98037	84 Po 208.9824	85 At 209.9871	86 Rn 222.0176
7	87 Fr 223.0197	88 Ra 226.0254	89 Ac 227.0278	104 Unq 261.11	105 Unp 262.114	106 Unh 263.118	107 Uns 262.12											

58 Ce 140.115	59 Pr 140.90765	60 Nb 144.24	61 Pm 144.9127	62 Sm 150.36	63 Eu 151.965	64 Gd 157.25	65 Tb 158.92534	66 Dy 162.5	67 Ho 164.93032	68 Er 167.26	69 Tm 168.93421	70 Yb 173.04	71 Lu 174.967
90 Th 232.0381	91 Pa 231.0359	92 U 238.0289	93 Np 237.0482	94 Pu 244.0642	95 Am 243.0614	96 Cm 247.0703	97 Bk 247.0703	98 Cf 242.0584	99 Es 252.083	100 Fm 257.0951	101 Md 258.10	102 No 259.1009	103 Lr 260.105

[그림 1–5] 원소들의 주기율표

주족원소는 원자의 최외각 껍질인 원자가에 s궤도 또는 p궤도에만 전자가 존재하는 것이며, d궤도 또는 f궤도에 전자가 존재하면 전이원소이다. 족의 명칭은 수소를 제외한 Ⅰ A족을 알칼리금속(alkali metal), Ⅱ A족을 알칼리토금속(alkali earth metal), Ⅲ A족을 붕소족, Ⅳ A족을 탄소족, Ⅴ A족을 질소족, Ⅵ A족을 산소족, Ⅶ A족을 할로겐족(halogens), Ⅷ A족을 O족 또는 불활성기체(noble gas)라고 한다.

특징적인 주기 원소들로서 내부전이원소(inner transition element)를 들 수 있다. 주기율표 아래쪽에 두 줄의 원소들이 따로 배치되어 있는 것이 내부전이원소이다. $_{58}$Ce로부터 시작된 14개 원소들을 란탄계원소(Lanthanides)라고 하며 희토류원소(rare earth elements)라고도 한다. $_{90}$Th로부터의 14개 원소들은 악티늄계 원소(Actinides)들인데 중희토류(heavy rare earth elements)라고도 한다. 이 희토류 원소들은 땅속 지하자원으로서 매우 희귀한 물질이나 그중에는 강한 자성을 지닌 원소들이 있어서 현대 사회에서 그 이용 분야와 수요가 폭발적으로 증가하고 있다.

1.8.2 주기율표의 이해

주기율표에는 일정한 경향이 있으므로 이를 이해하는 것이 주기율표를 통해 정보를 얻는 좋은 방법이 될 수 있다. 주기율표의 구성은 배열된 원소들의 위치가 왼쪽이면 금속(metal)이고, 오른쪽이면 비금속(nonmetal)이다. 그 경계를 이루는 붕소(B), 규소(Si), 게르마늄(Ge), 비소(As), 안티몬(Sb), 텔루륨(Te) 원소들을 준금속(metalloid)이라고 한다. 따라서 왼쪽으로 갈수록 금속성이 강해지고 오른쪽으로 갈수록 비금속성이 상대적으로 커진다.

원자의 크기는 동일 족에서 아래로 내려갈수록 커진다. 즉 원자번호가 증가할수록 더 큰 껍질이 원자가로 사용되기 때문이다. 그러나 동일한 주기의 경우에는 오른쪽으로 갈수록 원자의 크기는 작아진다. 그 이유는 원자번호가 증가할수록 핵 속의 양성자와 핵 주위의 전자들의 개수가 증가하여 정전기적 상호 인력이 커지기 때문이다. 결국 주기율표에서 위로 올라갈수록, 오른쪽으로 갈수록 원자 반경은 작아지게 되고 전하밀도와 관련된 이온화에너지와 전기음성도는 오히려 동일한 과정에서 그 값이 커지게 된다. 특히 할로겐족 원소들은 소화약제와 관련하여 F, Cl, Br, I 순서가 약제명에 그대로 반영되므로 반드시 기억해야 한다.

1.9 물질의 상태(State of Matter)

물질은 세 가지 상태로 존재할 수 있으며 각각을 상(phase)이라고 한다. 동일한 압력 조건하에서는 온도 증가에 따라 고체상(solid phase)이 액체상(liquid phase)으로, 액체상이 기체상(gas phase)으로 바뀐다. 이것을 상전이(phase transition)라고 하며 에너지의 유입이 필요하다. 상전이시 수반되는 열량변화가 상전이열(heat of phase transition)이다. 예로서 대기압하에서 0℃, 1 g의 얼음이 0℃, 물 1 g으로 바뀌는 데에는 80 cal가 필요하다. 마찬가지로 100℃, 1 g의 물이 100℃ 1 g의 수증기로 바뀌는 경우에는 539 cal가 소비된다. 그러나 반대로 기체에서 액체로, 액체에서 고체로 상전이시에는 동일한 크기의 열량이 외부로 방출된다.

고체가 액체로 상전이되는 과정을 융해(fusion)라고 하며, 그 반대를 응고(freezing)라 한다. 고체와 기체 사이의 상전이 과정은 모두 승화(sublimation)라고 하며, 기체가 액체로, 액체가 기체로 바뀌는 상전이 과정은 각각 응축(condensation)과 증발(vaporization)이라 한다.

물질의 상태는 온도와 압력에 의해 결정되며 이를 나타내주는 것이 상평형도(phase diagram)이다. 상평형도는 모든 물질이 각각 고유한 형태를 가지는데 특정 온도와 압력에서 물질의 상태를 보여준다.

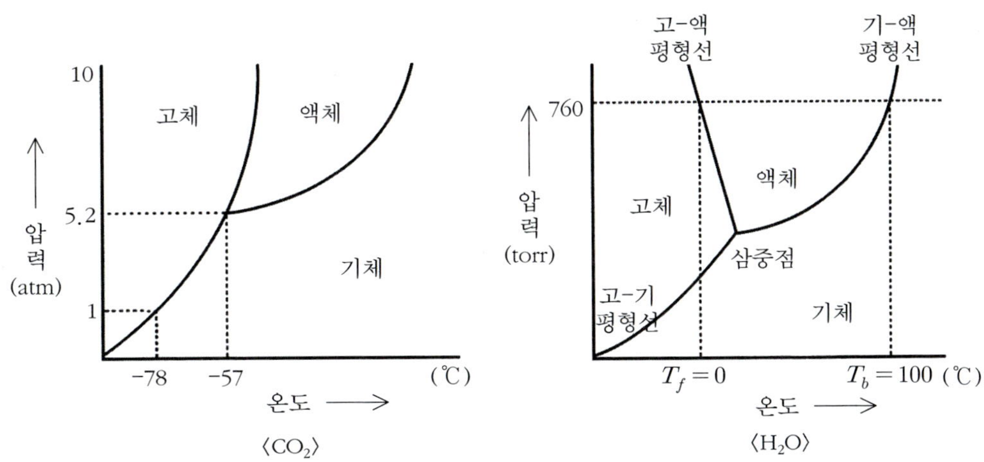

[그림 1-6] 물질의 상평형도

1.10 가연물(Combustible)

가연물은 연소가 가능한 물질로서 산소와 반응하여 지속적인 발열반응을 할 수 있다. 따라서 산소와 화합물을 만들 수 없는 물질은 일반적으로 가연물이 될 수 없다. 또한 발열과정에서 발열량이 작은 경우 지속적인 연소가 어려워 가연물로 보기 어렵다. 가연물은 물질의 세 가지 상태가 모두 가능하다.

기체상 가연물은 대부분의 물질들이 공기와 혼합되기 용이하여 가장 쉽게 연소반응을 일으킬 수 있다. 기체상 가연물은 가연성 기체라고 하며 공기 중 %농도에 따라 연소반응의 가능성이 결정된다. 가연성 기체의 연소가능범위를 공기에 대한 부피백분율로 표현한 것이 연소범위(flammability range)이다. 가연성 기체는 아주 낮은 농도와 아주 높은 농도의 경우 연소반응이 진행될 수 없으므로, 이 경계를 각각 연소하한계(flammable lower limit)와 연소상한계(flammable upper limit)라고 한다. 연소하한계 아래에서는 가연성 기체의 양적인 부족으로, 연소상한계 위쪽에서는 상대적인 산소 결핍에 의해 연소반응이 진행될 수 없다. 특히, 기체 가연물은 연소반응이 격렬하여 폭발적으로 진행되는 경우가 많다. 따라서 기체 가연물의 연소범위를 폭발범위(explosive range)라고도 한다. 그러나 액체상 가연물이나 고체상 가연물은 연소시 폭발반응과 같은 비정상적인 속도의 연소반응을 일으키지 않는다. 이것은 액체상 또는 고체상 가연물이 공기 중 산소와 일으키는 연소반응에서 우선적으로 가연물들의 기화과정을 먼저 거치기 때문이다. 이런 기화과정은 가연물들의 증발(evaporation)이나 열분해(pyrolysis) 형태로 진행된다. 따라서 가연물의 상태가 고체, 액체, 기체의 경우 가장 대표적인 연소 형태는 각각 분해연소, 증발연소, 확산연소이다.

1.11 위험물(Hazmat)

위험물은 위험물질(hazardous material)의 약칭이며 점화원에 의해 쉽게 인화되거나 자연발화의 가능성이 큰 물질을 가리킨다. 국내의 경우 위험물안전관리법에 근거하여 위험물을 여섯 종류로 구분한다.

〈표 1-5〉 위험물의 분류

종 류	상 태	특 성	예
제1류	고체	산화성	염소산염류, 질산염류
제2류	고체	가연성, 환원성	황화린, 적린, 유황
제3류	고체(액체)	금수성, 자연발화성	황린, 나트륨, 칼슘, 유기금속
제4류	액체	인화성	석유, 알코올, 아세톤
제5류	고체	자기반응성	유기과산화물, 니트로화합물
제6류	액체	산화성	황산, 질산, 과산화수소

제1류 위험물은 '산화성 고체'로서 화학반응시 상대 물질을 산화시키는 성질이 강한 물질이다. 따라서 환원성 물질과는 격렬히 반응하며, 접촉에 의한 화재 위험성도 매우 크다. 주된 소화방법은 다량의 물이나 마른 모래를 이용하는 것이다. 대표적인 물질로는 아염소산염류, 염소산염류, 과염소산염류, 무기과산화물, 브롬산염류, 질산염류, 요오드산염류, 과망간산염류, 중크롬산염류 등이 있다. 제1류 위험물은 대부분 가열시 산소기체가 발생하지만 중크롬산암모늄의 경우에는 질소기체가 분해가스로 방출된다.

제2류 위험물은 '가연성 고체'이며, '환원성 고체'이다. 그러므로 제1류 위험물과는 화학적 성질이 반대이다. 따라서 화학반응시 상대 물질을 환원시키며, 자신은 산화되는 성질이 강하므로, 낮은 온도에서도 연소위험성이 크다. 주된 소화방법은 다량의 물이나 마른 모래를 이용하는 것이다. 대표적인 물질로는 황화린, 적린, 유황, 철분, 금속분, 마그네슘, 인화성 고체 등이 있다. 제2류 위험물로서의 인화성 고체는 고체상태의 '고형 알코올'을 가리키며, 고무풀도 여기에 속한다.

제3류 위험물은 '자연발화성 물질 및 금수성 물질'이며, 고체 또는 액체로서 공기 중에서 발화의 위험성이 있거나, 물과 접촉시 가연성 기체가 발생하여 발화의 위험성이 있는 물질들이다. 주된 소화법은 마른 모래, 팽창질석(expanded vermiculite), 팽창진주암(expanded perlite), 금속화재용 분말소화약제 등을 이용하는 것이다. 대표적인 물질로는 알칼리금속, 알칼리토금속, 알킬알루미늄, 알킬리튬, 황린, 유기금속화합물, 금속의 수소화물, 금속의 인화물, 칼슘 또는 알루미늄의 탄화물, 염소화규소 등이 있다.

특히 알칼리금속과 알칼리토금속 원소들은 연소시 고유한 화염 색깔을 나타내는데, 리튬(Li)은 적색, 나트륨(Na)은 황색, 세슘(Cs)은 청색, 칼슘(Ca)은 주황색, 바륨(Ba)은 황록색, 구리(Cu)는 청록색으로 구분된다. 제3류 위험물은 자연발화의 위험성이 가장 큰 물질들로서 물과 접촉시, 대부분 수소기체가 발생하지만 탄화칼슘의 경우에는 아세틸렌이 발생된다.

$$CaC2(s) + 2\,H_2O(l) \rightarrow Ca(OH)_2(s) + C_2H_2(g) \qquad (1.1)$$

제4류 위험물은 '인화성 액체'이며, 인화점에 따라 특수인화물류, 제1석유류, 알코올류, 제2석유류, 제3석유류, 제4석유류, 동식물유로 구분된다. 또한 이것들은 수용성과 비수용성으로 나누어지는데, 수용성이 비수용성에 비해 위험성이 작으므로 수용성의 지정수량은 비수용성의 두 배이다. 주된 소화방법은 이산화탄소의 방출이나 할로겐화합물소화약제를 분사하는 것이지만, 알코올화재의 경우에는 다량의 물을 주입하여 희석시키는 방법도 있다.

대표적인 물질들로서는 이황화탄소, 디에틸에테르, 산화프로필렌, 아세트알데히드, 이소프로필아민, 아세톤, 휘발유, 벤젠, 크실렌, 콜로디온, 메틸알코올, 에틸알코올, 프로필알코올, 등유, 경유, 테레핀유, 히드라진, 초산, 중유, 클레오소트유, 에틸렌글리콜, 글리세린, 윤활유, 가소제, 우지, 아마인유, 올리브유 등이 있다.

제5류 위험물은 '자기반응성물질'로서, 상온에서 폭발적인 연소반응을 나타내는 물질들이다. 또한 제5류 위험물은 상온에서 고체 또는 액체로 존재하면서, 공기중 산소기체의 농도와 상관없이 스스로 연소반응을 진행할 수도 있다. 대부분의 제5류 위험물은 폭발성 물질이며 폭약들이다. 따라서 연소시 적절한 소화방법은 없으므로, 초기 화재시 다량의 물을 이용하거나 발화의 예방이 가장 중요하다.

대표적인 물질들로는 유기과산화물, 질산에스테르류, 니트로화합물, 니트로소화합물, 아조화합물, 디아조화합물, 히드라진유도체, 히드록실아민, 히드록실아민염류 등이 있다. 특히 질산에스테르류에 속하는 니트로셀룰로오스와 니트로글리세린은 다이너마이트의 원료이다. 또한 니트로화합물인 트리니트로톨루엔은 TNT폭약이며, 디아조화합물인 디아조디니트로페놀은 DDNP폭약이다.

제6류 위험물은 '산화성 액체'로서, 강한 산성을 가진 액체이다. 물질 자체로는 불연성이지만 산화제로서의 기능으로 인해 조연성 물질로 분류된다. 소화방법은 다량의 물, 마른 모래, 분말소화약제 등을 이용하는 것이며, 소화활동시에는 증기의 유독성으로 인한 피해에 주의해야 한다. 대표적인 물질들은 과염소산, 과산화수소, 질산 등이 있다.

또한 위험물은 제조뿐만 아니라 운반이나 저장, 보관 등의 취급시에도 쉽게 인화하거나 발화할 수 있으므로 그 관리법은 위험물안전관리법 등의 법규를 통해 규정하고 있다.

특히 여섯 가지 분류에서 동일 종류라 할지라도 그 위험성은 각기 다르므로, 위험물 각각의 위험성은 위험등급과 지정수량으로 나타낸다. 위험등급은 로마숫자로 표현하는데, 가장 위험한 물질인 Ⅰ등급부터 Ⅲ등급까지로 구분하여 나타낸다.

또한 위험물의 취급시 그 양이 많아지면 위험성도 비례하여 증가하므로, 위험물마다 안전하게 취급할 수 있는 최저 양을 지정수량으로 정하고 있다. 지정수량과 위험물의 위험성은 서로 반비례하여, 지정수량이 작은 것일수록 위험물의 위험성은 더 크다. 인화성 액체인 제4류 위험물은 지정수량을 부피 단위인 L(리터)로 나타내지만, 나머지 제1류에서 제6류까지의 위험물은 모두 무게 단위인 kg으로 표현한다.

위험물의 운반시 서로 다른 종류를 함께 적재하는 것을 위험물의 혼재라고 하는데, 이에 관한 기준은 〈표 1-6〉과 같고, 위험물안전관리법 시행규칙에 규정되어 있다.

〈표 1-6〉 위험물 혼재기준

	제1류	제2류	제3류	제4류	제5류	제6류
제1류		×	×	×	×	○
제2류	×		×	○	○	×
제3류	×	×		○	×	×
제4류	×	○	○		○	×
제5류	×	○	×	○		×
제6류	○	×	×	×	×	

연습문제

1. 원자와 분자를 구분하여 정의하시오.

2. 균일혼합물을 다른 용어로 바꾼다면? (2음절)

3. 핵 속의 양성자와 중성자 개수를 비교하시오.

4. 단원자 양이온과 다원자 음이온의 예를 3개씩 제시하시오.

5. 등원자이온의 크기가 원자번호에 반비례하는 이유는?

6. d궤도 함수 5개를 그려보시오.

7. $_{17}Cl$의 전자배치는?

8. $_{26}Fe$ 원자에 마지막으로 채워지는 전자의 양자수는?

9. 마그네슘(Mg)과 알루미늄(Al) 중 금속성이 더 큰 원자는? 그 이유는?

10. 물의 상평형도가 다른 물질들의 것과는 다른 차이점은? 그 원인은?

11. 연소상한계를 넘는 기체 가연물 농도에서 연소가 불가능한 이유는?

12. 벤젠과 금속 나트륨은 함께 보관이 가능한가? 그 이유는?

CHAPTER

2

화학양론과 측정

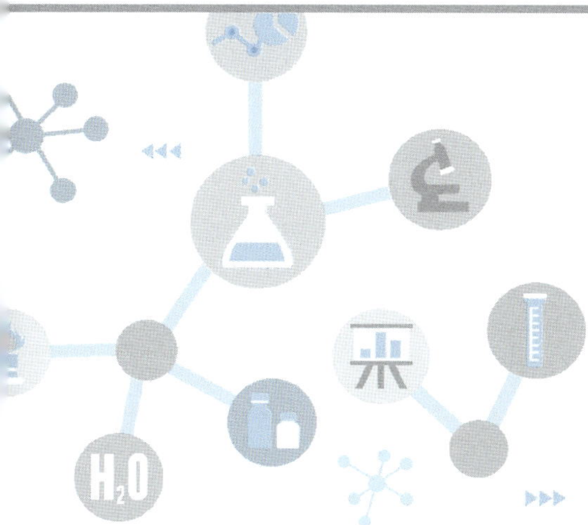

2.1 화학식(Chemical Formula)

물질을 구성하는 기본단위인 분자를 화학적으로 표현한 것이 화학식이다. 화학식은 실험식(empirical formula), 분자식(molecular formula), 구조식(structural formula)으로 구분할 수 있으며 각각의 형태에 따른 특징이 있다.

2.1.1 실험식

실험식은 화학식의 형태 중 가장 단순하여 분자를 구성하는 원소들의 종류와 상대적인 개수비만을 나타낸다. 실험식은 원소분석 등의 실험으로 얻어진 결과를 이용하여 결정한다. 이때 구성 원자들의 상대적인 개수비는 질량을 원자량으로 나눈 값의 비율이다.

예제 2-1

무게 백분율로 27.2%의 탄소원소와 72.8%의 산소원자로 구성된 기체의 실험식을 구하시오.

풀이 먼저 무게 비율로부터 원자들의 상대적인 개수비를 계산한다.

$$\text{탄소의 개수} = \frac{27.2}{12} = 2.27\text{개}$$

$$\text{산소의 개수} = \frac{72.8}{16} = 4.55\text{개}$$

탄소 개수 : 산소 개수 = 2.27 : 4.55 = 1 : 2

정답 : CO_2

2.1.2 분자식

분자를 구성하는 원자들의 종류와 실제 개수를 표현한 것이 분자식이다. 실제로 아세틸렌 분자식은 C_2H_2이며 벤젠은 C_6H_6이다. 만약 이 두 종류의 분자를 실험식으로 나타내면 모두 CH이다. 그러므로 분자식은 실험식에 비해 더 많은 정보를 제공해 주며 분자를 표현하는 가장 일반적인 화학식이라 할 수 있다.

2.1.3 구조식

분자를 표현하는 화학식 중 가장 많은 정보를 제공하는 것이 구조식이다. 구조식은 분자를 구성하는 원자들의 종류와 개수 및 결합상태까지 나타내준다. 표기하는 번거로움은 있으나 분자식이 동일하고 구조식이 다른 분자들을 구분할 수 있다. 예를 들어 C_2H_6O의 경우 에틸알코올과 디메틸에터를 구분해 준다.

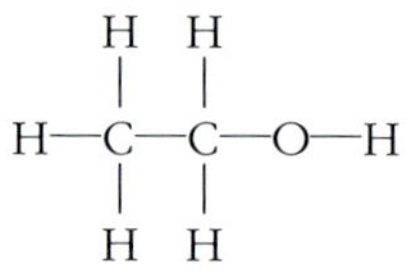
에틸알코올

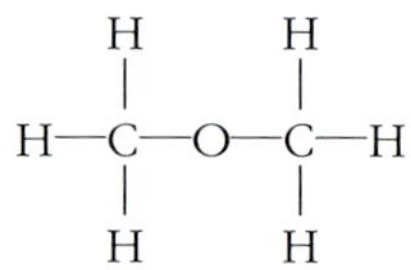
디메틸에터

2.2 화학식량(Formula Weight)

화학식을 구성하는 원자들의 총 질량을 amu로 표현한 것이 화학식량이다. 예로서 H_2O는 18 amu이며 CO_2는 44 amu이다. 화학식량은 질량으로 표현되는 물리량이나 물질량을 표현하는 몰(mole)이나 농도 계산에 매우 유용하게 사용된다. 실험식으로부터 분자식을 결정하기 위해서는 화학식량을 반드시 알아야 한다.

예제 2-2

실험식이 CH인 어떤 물질의 화학식량이 78 amu이다. 이 물질의 분자식은?

풀이 분자식을 구성하기 위해서 탄소와 수소의 실제 개수를 알아야 한다. 따라서 실험식량의 정수배가 분자식량이 됨을 이용한다.

$$n(CH) = 78 \text{ amu}$$
$$\rightarrow n(13) = 78 \text{ amu}$$
$$\rightarrow n = 6$$

정답 : C_6H_6

2.3 몰(Mole)과 몰질량(Molar mass)

물질의 양을 나타내는 단위가 몰이며 특정 개수를 의미한다. 즉 몰은 구체적으로 6×10^{23}개만큼의 물질량을 가리킨다. 이 특정 개수인 6×10^{23}을 아보가드로수(Avogadro's number, N_A)라고 한다.

어떤 물질 분자 1개의 무게는 분자량 또는 화학식량으로서 amu로 표현되지만 몰질량의 경우 수치는 변하지 않고 단위만 g(그램)으로 달라진다. 따라서 물 분자 1개의 무게는 18 amu이고 물의 몰질량은 18 g이다. 또한 황산(H_2SO_4)의 분자량은 98 amu이고 황산 1몰의 질량은 98 g이다.

예제 2-3

아이스크림 냉매로 넣은 드라이아이스 조각을 달아보니 11 g이다. 이 조각은 몇 개의 이산화탄소(CO_2)로 이루어져 있는가? (단, 드라이아이스는 100% 고체 이산화탄소)

풀이 이산화탄소(CO_2)의 분자량을 먼저 계산한다.

C : 12 amu, O : 16 amu

$2\times O = 2\times 16\ \text{amu} = 32\ \text{amu}$

따라서 분자량은 44 amu이며 이산화탄소의 몰질량은 44 g이다.

결국 11 g의 이산화탄소는 $\frac{1}{4}$ 몰

정답 : $\frac{1}{4}$ 몰($=1.5\times10^{23}$)개

2.4 실험식과 분자식

실험식은 구성 원자들의 개수비를 통해 구성되며 분자식은 실험식량을 분자량이 되도록 정수배를 곱하여 결정한다. 항상 실험식을 먼저 결정하고 그 후 분자식을 분자량에 맞추어 완성한다. 결국 분자 내 원자들의 질량을 각각의 원자량으

로 나누어 그 개수비를 구하는 일이 가장 먼저 해야 할 일이다.

예제 2-4

탄소와 수소로만 구성된 1.03 g의 시료를 공기 중에서 연소시키니 3.01 g의 CO_2와 1.85 g의 수증기(H_2O)가 발생하였다. 분자량이 30 amu라면 이 시료의 실험식과 분자식은?

풀이 먼저 시료 내 탄소원자와 수소원자의 무게를 구한다.

$$C : 3.01 \times \frac{C}{CO_2} = 3.01 \times \frac{12}{44} = 0.82(g)$$

$$H : 1.85 \times \frac{H_2}{H_2O} = 1.85 \times \frac{2}{18} = 0.21(g)$$

두 원자의 상대적인 개수비를 구한다.

$$C \text{ 개수} : H \text{ 개수} = \frac{0.82}{12} : \frac{0.21}{1} = 0.21$$

그러므로 실험식은 CH_3이다.
분자식은 실험식을 정수배하여 구한다.

$$n(CH_3)=30 \longrightarrow n(15)=30 \longrightarrow n=2$$

따라서 분자식은 C_2H_6이다.

정답 : CH_3, C_2H_6

2.5 SI 단위

SI 단위는 프랑스어 Systéme International d'Unités의 약자이며 측정단위에 있어서 국제표준단위계를 의미한다. 이것은 일명 미터법(metric system)이라고도 한다. SI 단위에서 가장 기초가 되는 7개의 단위를 기본단위(base unit)라고 하고 나머지 단위들을 유도단위(derived unit)라 한다.

2.5.1 SI 기본단위

SI 단위에서 기본이 되는 7개의 단위를 말하며 유도단위를 구성하는 독립된 물리량이다.

〈표 2-1〉 SI 기본단위

물리량	상징기호	단위명	단위기호
길이(length)	ℓ	미터(meter)	m
질량(mass)	m	킬로그램(kilogram)	kg
시간(time)	t	초(second)	s
온도(temperature)	T	켈빈(Kelvin)	K
물질량(amount of substance)	n	몰(mole)	mol
전류(electric current)	I	암페어(Ampere)	A
광도(luminous intensity)	I_c	칸델라(Candela)	cd

〈표 2-2〉 SI 접두사

접두사	약 자	의 미
exa	E	10^{18}
peta	P	10^{15}
tera	T	10^{12}
giga	G	10^{9}
mega	M	10^{6}
kilo	k	10^{3}
hecto	h	10^{2}
deca	da	10
deci	d	10^{-1}
centi	c	10^{-2}
milli	m	10^{-3}
micro	μ	10^{-6}
nano	n	10^{-9}
pico	p	10^{-12}
femto	f	10^{-15}
atto	a	10^{-18}

SI 단위는 크기를 표현할 때 적절한 SI 접두사를 이용하여 간단히 표기할 수 있다. 또한 극한값의 측정치도 SI 접두사를 이용하면 쉽게 나타낼 수 있다.

2.5.2 SI 유도단위

유도단위는 SI 단위계에서 7개의 기본단위를 제외한 모든 단위들을 가리키며 기본단위들의 조합(combination)으로 구성된다. 예로서 면적이라는 유도단위는 기본단위인 길이단위의 곱으로 구성되며 부피는 길이 단위의 세제곱으로 조합된다. 또한 유도단위인 속도는 기본단위인 길이를 시간으로 나누어 준 물리량이다.

〈표 2-3〉 몇 가지 SI 유도단위

물리량	상징기호	단위명	단위기호
면적(area)	A	평방미터	m^2
부피(volume)	V	입방미터	m^3
속도(velocity)	v	초속	m/s 또는 ms^{-1}
가속도(acceleration)	a		m/s^2
힘(force)	F	Newton(N)	$kg \cdot m/s^2$
압력(pressure)	P	Pascal(Pa)	$kg \cdot m^{-1} \cdot s^{-2}$
에너지(energy)	E	Joule(J)	$kg \cdot m^2 \cdot s^{-2}$

특정 유도단위를 기본단위로 분해하는 것을 차원해석(dimensional analysis)이라고 한다. 차원해석은 유도단위 사이의 복잡한 물리량을 쉽게 이해할 수 있게 한다.

예제 2-5

압력과 부피를 곱하면 어떤 물리량이 되는지 차원해석을 통해 밝히시오.

풀이 먼저 압력단위와 부피단위를 곱한다.

$$P \times V = kg \cdot m^{-1} \cdot s^{-2} \times m^3 = kg \cdot m^2 \cdot s^{-2}$$

여기서 $kg \cdot m^2 \cdot s^{-2}$ 단위는 에너지단위임을 알 수 있다.

정답 : 에너지단위

2.5.3 밀도(density)와 비중(specific gravity, sp.gr.)

밀도는 유도단위로서 단위 부피에 대한 질량의 비를 가리키며 실제적으로 g/cm^3가 단위로 사용된다. 그러나 비중은 물질들의 상대적인 밀도비(density ratio)를 의미하므로 그 값이 밀도와 크기는 같으나 단위가 없다. 비중의 기준은 물이며 물의 밀도인 1 g/cm^3에 대한 특정 물질의 상대적인 밀도 비율로 표현된다. 예로서 진한 황산의 밀도는 1.8 g/cm^3이지만 비중은 1.8이다.

2.5.4 단위환산

측정치를 비교할 때 SI 단위만이 사용되는 것이 아니라 관습적으로 사용해 온 단위들과 함께 다루어질 경우도 있다.

길이

$$\begin{aligned} 1\ \text{m} &= 39.37\ \text{in} \\ &= 3.281\ \text{ft} \\ &= 1.094\ \text{yd} \\ &= 6.21 \times 10^{-4}\ \text{mile} \\ &= 5.4 \times 10^{-4}\ \text{해리} \end{aligned}$$

무게

$$\begin{aligned} 1\ \text{kg} &= 2.205\ \ell\text{b} \\ &= 35.27\ \text{oz} \\ &= 266.7\ \text{돈} \end{aligned}$$

온도

$$\begin{aligned} \text{K} &= ℃ + 273 \\ &= \frac{5}{9}(°\text{F} - 32) \end{aligned}$$

부피

$$\begin{aligned} 1\ \text{m}^3 &= 35.32\ \text{ft}^3 \\ &= 264.2\ \text{gal} \\ &= 1000\ \text{L} \\ &= 6.293\ \text{배럴(barrel)} \end{aligned}$$

압력 1 atm(기압) = 101.32 kPa
= 1.013 bar
= 760 mmHg
= 760 torr
= 1033 cmH_2O
= 14.70 psi

속도 1m/s = 1.944 knot
= 2.939×10^{-3} mach
= 2.237 mile/h

2.6 유효숫자(Significant Figure)

측정치를 나타내는 십진법의 자리들 중 신뢰할 만한 숫자를 유효숫자라고 한다. 일반적으로 유효숫자는 불확실성이 가장 큰 맨 아래 숫자를 반올림하여 표현한다. 표기 방법은 정수 첫 번째 숫자와 소수점 이하로 나타낸다. 예를 들어 측정치 무게가 249.5 g이라면 소수점 아래 두 번째 자리까지 표현하여 2.50×10^2 g으로 표기한다. 이때 소수점 아래 두 번째 숫자인 0도 유효숫자이며 전체 유효숫자의 개수는 3개이다. 즉 유효숫자의 개수가 많을수록 측정치의 신뢰도는 높아진다.

유효숫자끼리의 연산시에는 두 가지 원칙이 있다. 먼저 덧셈과 뺄셈의 경우 연산에 포함된 측정치들 중 유효숫자의 소수점 아래 자리수가 가장 작은 것에 맞추어 연산결과를 표기해야 한다. 예를 들어 15.45 kg, 3.8 kg, 2.013 kg의 세 물체의 무게를 합한 값은 21.263 kg이다. 그러나 유효숫자의 개념으로 표기된 결과는 21.3 kg(2.13×10 kg)이다. 왜냐하면 3.8 kg이라는 측정치에서 소수점 아래 첫째 자리까지만 측정되었으므로 그 이하 단위에서의 측정치는 의미가 없기 때문이다.

두 번째 원칙은 곱셈과 나눗셈에 적용된다. 측정치끼리의 곱셈과 나눗셈의 연산시에는 전체 유효숫자의 개수가 가장 작은 측정치를 기준으로 하여 결과를 표기해야 한다. 예를 들어 가로, 세로, 높이가 각각 5.7 cm, 10.22 cm, 15.4 cm인 어떤 상자의 부피는 897.112 cm^3이다. 그러나 5.7 cm의 유효숫자가 전체적으로 두 자리뿐이므로 결과치 역시 두 자리이어야 하므로 두 자리까지만 표현하여 9.0×10^2 cm^3로 표기하여야 한다.

예제 2-6

12.4 kg의 공기호흡기와 10.45 kg의 보호장구를 착용한 소방관이 받는 장비의 무게는 얼마인가?

풀이 12.4 kg + 10.45 kg = 22.85 kg

이것을 소수점 아래 첫째 자리까지 표기해야 하므로 반올림하여 22.9 kg이 된다.

정답 : 2.29×10 kg

2.7 정확도(Accuracy)와 정밀도(Precision)

측정치의 가치를 나타내는 두 가지 기준이 정확도와 정밀도이다. 정확도는 참값에 대한 측정치의 근접한 정도를 나타내는 것이어서 측정값이 참값에 가까울수록 그 값은 높다. 그러나 정밀도는 측정치들 사이의 근접한 정도를 나타내는 것이어서 측정치들간의 편차가 작을수록 그 값이 크다.

그러므로 물체에 대한 다양한 측정을 통해 얻어지는 측정치들은 정밀도가 클수록 측정값으로서의 신뢰도가 증가하게 되고 정확도 역시 높은 경우 가장 가치 있는 측정값이 될 수 있다.

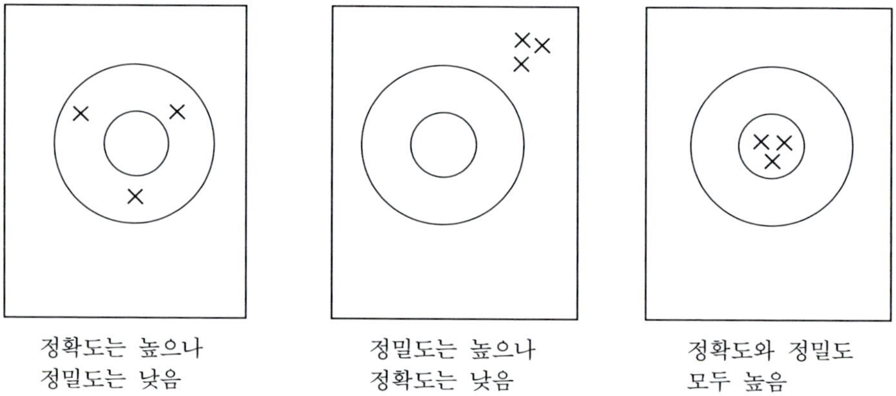

[그림 2-1] **정확도와 정밀도**

연습문제

1. 아세톤(C_3H_6O)의 구조식을 그려보시오.

2. 할론소화약제인 Halon 2402는 실험식이 CF_2Br이며 분자량이 260 amu이다. 분자식은?

3. 인체 내 신진대사 속도를 증가시키는 호르몬인 아드레날린은 탄소, 수소, 산소, 질소의 성분 질량비가 각각 56.8%, 6.56%, 28.4%, 8.28%이다. 화학식은?

4. 니코틴을 산소 존재하에서 연소시키면 탄소성분과 수소성분은 각각 이산화탄소와 수증기로 바뀌고 질소성분은 질소기체(N_2)로 된다. 2.50 g의 니코틴을 연소시켜 6.78 g의 CO_2, 1.95 g의 H_2O를 얻었다. 니코틴의 실험식은?

5. 화학포소화약제로 사용되는 중탄산나트륨($NaHCO_3$) 504 g이 분해되면 몇 개의 CO_2 분자가 방출되는가?

6. 54 g의 물은 몇 개의 분자로 이루어져 있는가?

7. 밀도와 비중을 비교서술하시오.

8. dyne을 차원해석하시오.

9. 95°F는 섭씨 몇 도인가?

10. 저장압력이 50.4 kg/cm^{2}인 소화약제를 6개의 분자헤드를 통해 동시에 방출하였다. 헤드 1개당 방사압력은? (유효숫자 표기법으로)

CHAPTER

3 물질의 명칭

물질을 화학적인 관점에서 분류하면 크게 무기화합물(inorganic compound)과 유기화합물(organic compound)로 나눌 수 있다. 어원적 의미에서 유기화합물은 생명체의 구성 성분이나 생명활동과 연관된 분자들로서 탄소나 수소가 주성분이며 산소, 질소, 황 등이 미량성분으로 섞여 있다. 그러나 실제적으로 넓은 의미에서의 유기화합물은 탄화수소(hydrocarbon) 화합물 분자들 전체를 가리킨다.

무기화합물은 탄화수소가 아닌 일반적인 분자들을 가리키며 배위결합으로 형성된 배위화합물을 포함한다.

소화약제는 기체, 액체, 고체 세 가지 상태의 물질이 모두 사용되고 있으며 이들 각각의 명칭은 일반적인 분자들과는 다른 방법으로 명명된다.

3.1 무기화합물의 이름(Nomenclature of Inorganic Compound)

무기화합물에 대한 명명법은 세 종류의 물질로 구분하여 적용한다. 그것은 결합 방식과 성질에 따른 것으로서 이온화합물, 공유화합물, 산-염기 물질로 나누어진다.

3.1.1 이온화합물(ionic compound)

이온화합물은 화합물을 형성하기 위해 결합하는 두 주체가 이온상태로 만나서 생성된 분자이다. 따라서 이온화합물의 이름을 결정하기 위해서는 반드시 두 이온의 이름을 먼저 알아야 한다. 그리고 양이온과 음이온으로 구성된 두 이온의 전하량(전기적인 크기)도 확인할 필요가 있다. 이와 같은 기본적인 사항이 확보되면 이온화합물의 이름을 결정할 수 있는데, 한글명은 뒤쪽의 음이온 이름부터, 영어명은 앞쪽의 양이온 이름부터 표현하면 된다.

이온화합물인 NaCl을 예로 들어 보자. 한글명은 염화소듐이며 영어명은

sodiumchloride이다. Na^+와 Cl^- 이온은 이름이 각각 소듐이온(sodium ion)과 염소이온(chloride ion)이므로 어미에 해당되는 '소'를 떼고 '화'를 넣어 주었다. 영어명에서도 이와 같이 chlorine의 'ine'를 떼어내 'ide'로 바꾸어 주었다. 그리고 이온들 사이의 결합은 각 이온들의 전하와 연관된다. 즉 전하량이 +2인 양이온이 −1인 음이온과 이온화합물을 형성할 때에는 양이온 1개에 대해 음이온은 반드시 2개가 결합하여야 한다. 마찬가지로 +2의 양이온과 −3의 음이온이 만난다면 양이온 3개에 음이온 2개가 함께 결합하여 이온화합물이 형성된다. 이온화합물의 이름을 결정할 때에는 이와 같이 전하량의 차이에 따라 결합하는 이온들의 개수가 달라지므로 당연한 과정에 따른 결과에 대해서는 결합하는 이온의 개수를 명시하지 않아야 한다. 예를 들어 Al^{3+}와 O^{2-}가 결합하여 이루는 이온화합물은 Al_2O_3이어야 하고 그 이름은 산화알루미늄이지 삼산화이알루미늄이 아니다.

예제 3-1

〈표 1-2〉를 이용하여 아래 이온화합물의 이름을 한글명과 영문명으로 나타내시오.

a) KBr b) $(NH_4)_2SO_4$ c) $Al(OH)_3$ d) $Ca(ClO_4)_2$

정답 : a) 브롬화포타슘(potassiumbromide)
b) 황산암모늄(ammoniumsulfate)
c) 수산화알루미늄(aluminiumhydroxide)
d) 과염소산칼슘(calciumperchlorate)

이와 같이 이온화합물의 이름을 결정하기 위해서는 이온들의 이름을 많이 알아 두는 것이 가장 중요하다.

이온화합물의 명명시 주족원소들은 규칙적이지만 전이원소들은 표현법이 전하에 따라 여러 가지로 나누어진다. 예를 들어 구리(Cu) 이온은 +1과 +2, 철(Fe) 이온은 +2와 +3, 주석(Sn) 이온은 +2와 +4의 전하를 가진다. 즉 한 종류의 전이금속이온에 2개 이상의 전하상태가 가능하다. 이 경우 명명법은 표준 방식과 라틴어 방식의 두 가지 모두 사용된다. 표준 방식은 금속이온의 전하를 괄호 속에 로마숫자로 표기하면 된다. 그러나 라틴어 방식은 금속이온 전하수에 따라 〈표 3-1〉에 나타나 있는 이온명으로 표현하는 것이다. 이때 한 종류의 금속이온이 가지는 가장 작은 전하수를 '제1' 또는 '제일'이라고 하며, 상대적으로 전하수가 큰 경우를 '제2' 또는 '제이'로 나타낸다. $FeCl_3$와 $Sn(OH)_2$를 예로 들어 보자.

〈표 3-1〉 전이금속이온들의 전하와 명칭

금속이온	전 하	영어명	라틴어명
Cu	+1	Copper(I)	cuprous
	+2	Copper(Ⅱ)	cupric
Fe	+2	Iron(Ⅱ)	ferrous
	+3	Iron(Ⅲ)	ferric
Sn	+2	Tin(Ⅱ)	stannous
	+4	Tin(Ⅳ)	stannic
Pb	+2	Lead(Ⅱ)	plumbous
	+4	Lead(Ⅳ)	plumbic

$FeCl_3$ 표준 방식 : 염화철(Ⅲ), Iron(Ⅲ)chloride
라틴어 방식 : 염화제이철, Ferricchloride

$Sn(OH)_2$ 표준 방식 : 수산화주석(Ⅱ), Tin(Ⅱ)hydroxide
라틴어 방식 : 수산화제1주석, Stannoushydroxide

3.1.2 공유화합물(covalent compound)

공유화합물은 공유결합을 통해 생성된 분자이다. 이온결합과 공유결합에 관한 설명은 나중에 하기로 하고 먼저 이 두 화합물을 구분하는 방법만 먼저 알아보자. 주기율표에서 구분되어 있는 금속원자와 비금속원자가 서로 이온상태로 결합하는 것이 이온화합물이다.

그러나 공유화합물은 비금속원자들 사이에서 형성된다. 중성 원자들끼리의 결합이므로 원자들간의 구체적인 결합비를 알 수 없다. 따라서 공유화합물의 명명에는 반드시 원자명과 개수를 표현해야 한다. 예를 들어 CO와 CO_2는 반드시 일산화탄소, 이산화탄소라고 해야 한다. 영어명에서 원자들의 개수는 아래와 같이 표현하고 숫자명과 원소명이 모음과 모음으로 만날 때에는 단모음 'o'로 바꾸어 준다.

1 : mono	2 : di	3 : tri	4 : tetra	5 : penta
6 : hexa	7 : hepta	8 : octa	9 : nona	10 : deca

예제 3-2

주기율표를 참고로 하여 아래 화합물을 한글명과 영문명으로 표현하시오.

a) $CaCl_2$ b) Fe_2O_3 c) P_2O_5 d) N_2O_4 e) SF_6

풀이 a)는 Ca(금속)와 Cl(비금속), b)도 Fe(금속)와 O(비금속)끼리의 결합이므로 a), b) 모두 이온화합물이다. 그러나 c)의 P와 O, d)의 N과 O, e)의 S와 F는 모두 비금속들이다. 따라서 c), d), e)는 공유화합물이다.

정답 : a) 염화칼슘(Calciumchloride)
b) 산화철(Ⅲ)(Iron(Ⅲ)oxide)
산화제이철(Ferricoxide)
c) 오산화이인(Diphosphorus pentoxide)
d) 사산화이질소(Dinitrogen tetroxide)
e) 육플루오르화황(Sulfurhexafluoride)

3.1.3 산과 염기 분자

산과 염기 분자들은 이온화합물의 명명법에 맞추어 대부분 표현하지만 특별히 강한 무기산의 경우에는 표현하는 규칙이 있다. 가장 대표적인 분자가 염산(HCl)이다. HCl 분자는 이온화합물을 명명법에 따라 염화수소(Hydrogen chloride)라고 하면 된다. 그러나 산으로서의 특성으로 인해 염산(hydrochloric acid)이라는 용어로 부른다. 산의 영어이름을 결정하는 데에는 분자 내 음이온의 이름이 중요하며 어미의 형태에 따라 아래와 같이 세 가지로 구분하여 부른다.

$$\sim \text{ide} \longrightarrow \text{hydro} \sim \text{ic acid}$$
$$\sim \text{ate} \longrightarrow \sim \text{ric acid}$$
$$\sim \text{ite} \longrightarrow \sim \text{rous acid}$$

이 규칙에 따라 HCl은 음이온인 Cl^-의 명칭이 chloride이므로 첫 번째 경우에 해당된다. 따라서 앞에 hydro를 붙이고 chloric으로 바꾼 후 acid를 뒤에 넣어준다. 황산(H_2SO_4)은 두 번째 경우이다. 음이온인 SO_4^{2-}의 이름이 황산이온(sulfate)이므로 끝부분만 'ric'으로 변형시킨 후 acid를 넣어 황산(sulfuric acid)으로 표현한다.

이 밖에도 산소가 결합된 산소산(oxy acid)의 경우에는 산소 개수에 따라 음이온의 명칭에 규칙적인 어미변화를 주어야 한다. 염소산의 경우가 가장 대표적인 예이다.

ClO_4^-	과염소산이온(perchlorate ion)	$HClO_4$	과염소산(perchloric acid)
ClO_3^-	염소산이온(chlorate ion)	$HClO_3$	염소산(chloric acid)
ClO_2^-	아염소산이온(chlorite ion)	$HClO_2$	아염소산(chlorous acid)
ClO^-	하이포아염소산이온 (hypochlorite ion)	$HClO$	하이포아염소산 (hypochlorous acid)

알칼리로 불리는 염기(base) 물질의 이름은 이온화합물 명명법의 일반적 규칙에 따라 결정된다.

NaOH	수산화소듐(sodiumhydroxide)
$Mg(OH)_2$	수산화마그네슘(magnesiumhydroxide)
NH_4OH	수산화암모늄(ammoniumhydroxide)

3.2 유기화합물의 이름(Nomenclature of Organic Compound)

탄화수소가 주성분인 유기화합물은 구조와 기능기(functional group)에 따라 다양하게 분류된다. 먼저 크게는 지방족 탄화수소(aliphatic hydrocarbon)와 방향족 탄화수소(aromatic hydrocarbon)로 나눌 수 있다. 또한 지방족 화합물(aliphatic)은 다시 알케인(alkane), 알켄(alkene), 알킨(alkyne), 지환족(alicyclic)으로 나누어진다.

3.2.1 알케인(alkane)계 탄화수소

탄소와 수소의 구성비가 C_nH_{2n+2}의 형태를 가진 포화탄화수소가 알케인이다. 탄화수소가 포화(saturated)되었다는 것은 탄화수소의 주축(back bone)인 탄소-탄소 사이의 결합이 모두 단일결합임을 의미한다. 알케인계 탄화수소는 탄소의 개수에 따라 〈표 3-2〉와 같은 이름을 가진다.

〈표 3-2〉 알케인계 탄화수소의 명칭

탄소원자 개수	분자식	명 칭
1	CH_4	메테인(methane)
2	C_2H_6	에테인(ethane)
3	C_3H_8	프로페인(propane)
4	C_4H_{10}	부테인(butane)
5	C_5H_{12}	펜테인(pentane)
6	C_6H_{14}	헥세인(hexane)
7	C_7H_{16}	헵테인(heptane)
8	C_8H_{18}	옥테인(octane)
9	C_9H_{20}	노네인(nonane)
10	$C_{10}H_{22}$	데케인(decane)

그러나 수소원자가 다른 원자 또는 작용기와 치환(substitution)되면 [그림 3-1]과 같이 치환기의 종류와 위치를 불러주어야 한다.

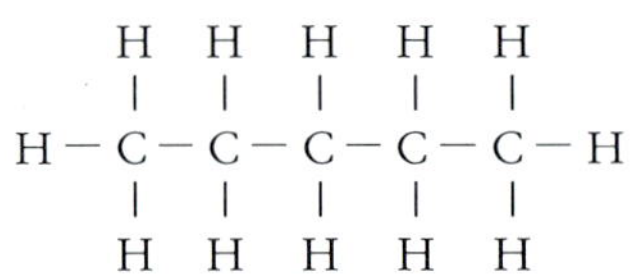

Pentane(C_5H_{12})

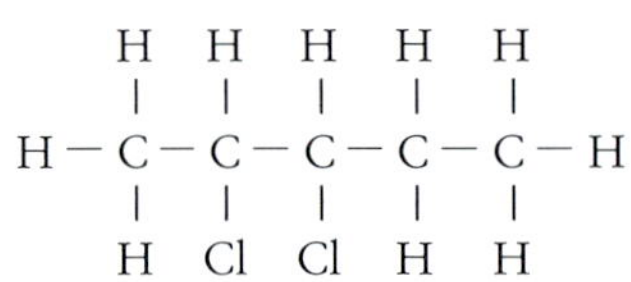

2, 3-Dichloropentane
($C_5H_{10}Cl_2$)

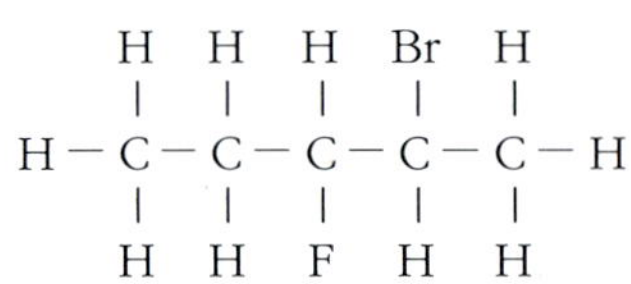

2-Bromo 3-fluropentane
($C_5H_{10}FBr_2$)

[그림 3-1] 펜테인과 치환기에 따른 명칭

또한 펜테인의 경우 5개의 탄소원자가 결합하는 형태에 따라 골격 구조의 명칭이 달라진다.

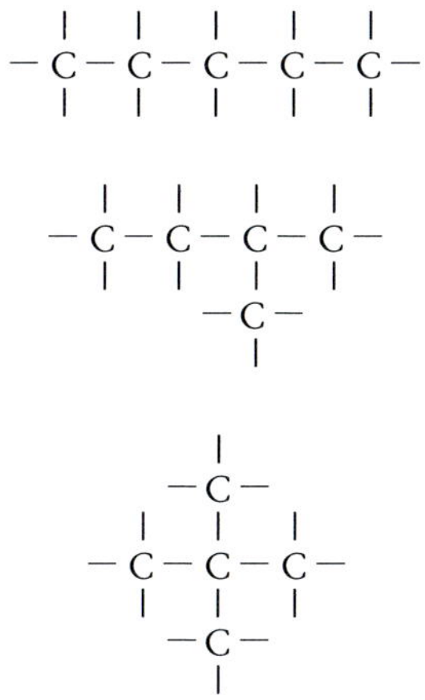

n-pentane

Isopentane

Neopentane

[그림 3-2] **펜테인 골격 구조에 따른 명칭**

여기서 isopentane이나 neopentane은 각각 butane＋메틸기($-CH_3$), propane＋2개의 메틸기가 치환되어 있다고 볼 수 있다. 따라서 이것들은 각각 2 Methylbutane 및 2,2-Dimethylpropane과 동일한 의미를 갖는다. 메틸기와 같이 $-C_nH_{2n+1}$의 일반식을 가지는 치환기를 알킬기(alkyl group)라고 하며 탄소원자의 개수에 따라 메틸($-CH_3$), 에틸($-C_2H_5$), 프로필($-C_3H_7$), 부틸($-C_4H_9$) 등으로 부른다.

3.2.2 알켄(alkene)계 탄화수소

지방족 탄화수소 중 탄소-탄소 주축에 이중결합이 있으며 탄소와 수소의 구성비가 C_nH_{2n}의 형태를 가진 것을 알켄이라고 한다. 알켄의 이름은 전체 탄소원자의 개수, 이중결합의 위치, 치환기의 종류와 위치에 의해 결정된다. 특히 2개 이상의 이중결합이 있는 경우에는 이중결합이 있는 탄소원자의 번호를 'ene'라는 표현과 함께 나타낸다. 또한 동일한 2개의 치환기가 같은 쪽에 위치하는 경우를 'cis'라고 하며, 반대쪽의 경우를 'trans'라고 표현한다.

$H_2C{=}CHCH_2CH_3$ n-Butene

$H_3C\ CH{=}CH\ CH{=}CH\ CH_3$ 2,4-Hexadiene

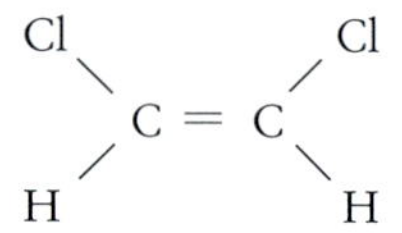

cis-1,2-Dichloroethylene

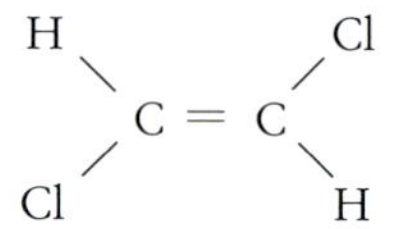

trans-1,2-Dichloroethylene

[그림 3-3] **알켄분자들의 명칭**

3.2.3 알킨(alkyne)계 탄화수소

탄소-탄소 간 결합에서 삼중결합이 있으며 탄소와 수소의 구성비가 C_nH_{2n-2}의 형태를 가진 탄화수소가 알킨이다. 알킨계 탄화수소의 명칭 역시 이전과 마찬가지로 전체 탄소원자의 개수, 삼중결합의 위치, 치환기의 종류와 위치에 따라 결정된다. 2개 이상의 삼중결합이 있을 경우 'yne'를 개수와 함께 표기한다.

$HC{\equiv}C{-}C{\equiv}C{-}H$ 1,3-Butadiyne

$CH_3CH(CH_3)CHC{\equiv}CCH_3$ 5-Methyl-2-hexyne

3.2.4 지환족(alicyclic) 탄화수소

지환족 탄화수소는 지방족 탄화수소들 중 고리형 구조를 가진 분자들을 가리킨다. 고리(ring)를 구성하는 탄소원자의 개수는 3~8개 정도이나 5개와 6개가 가장 많다. 지환족 탄화수소의 이름은 탄소 개수에 따른 고유명칭 앞에 '시클로(cyclo)'라는 표현을 넣어주면 된다.

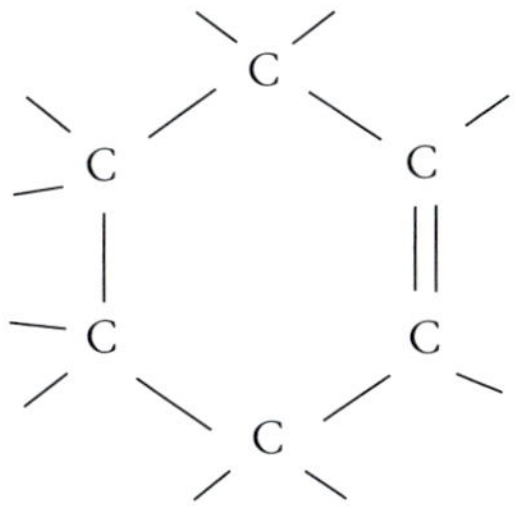

Cyclohexene
C_6H_{10}

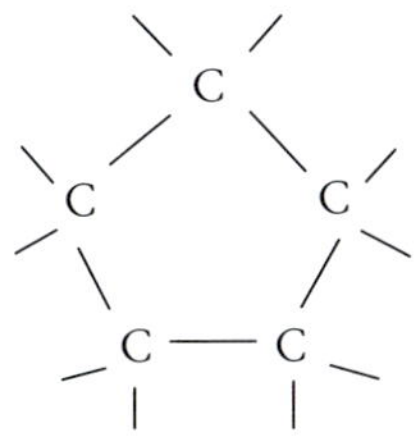

Cyclopentane
C_5H_{10}

[그림 3-4] **지환형 탄화수소의 명칭**

3.2.5 방향족(aromatic) 탄화수소

단일결합과 이중결합이 교대로 배열된 탄소-탄소 결합을 가진 고리형 분자가 벤젠(benzene)이다. C_6H_6 벤젠고리가 들어 있는 벤젠유도체(benzene derivatives)들을 방향족이라고 한다. 방향족 분자들은 치환기에 따른 고유한 이름을 가지는 점이 특징적이다. 또한 크레졸(cresol)과 같이 벤젠고리에 치환기가 2개 이상일 경우 치환기의 위치에 따라 가까운 것부터 순서대로 오르토(ortho, o), 메타(meta, m), 파라(para, p)라는 명칭을 붙여준다.

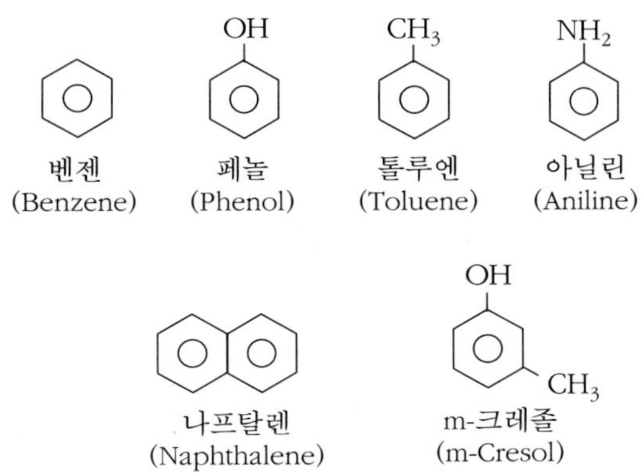

[그림 3-5] **방향족 화합물의 구조**

예제 3-3

다음 유기화합물을 명명하시오.

a) $CH_3CH_2CH_2CH(F)CH = CHCH_3$

b) $CH_3CH(CH_3)CH_2C \equiv CCH_3$

c) C_6H_5Cl

d) $CH_3CH = C = CH_2$

정답 : a) 4-Fluoro-2-heptene
b) 5-Methyl-2-hexyne
c) Clorobenzene
d) 1,2-Butadiene

3.2.6 알코올(alcohol)과 글리콜(glycol)

알킬기(R)에 OH기가 결합된 구조의 탄화수소가 알코올이며 일반식으로는 ROH로 표현한다. 알코올의 명명법은 알킬기의 명칭과 연관되어 있다. 즉 메틸기(CH_3)와 OH가 결합된 CH_3OH는 메틸알코올(methylalcohol)이라 하고 흔히 다른 명칭으로는 메타놀(methanol)이라 한다. 에틸기(C_2H_5)와 결합된 C_2H_5OH는 에틸알코올(ethylalcohol) 또는 에탄올(ethanol)이라 하고 프로필기(C_3H_7)와 결합된 것은 프로필알코올(propylalcohol) 또는 프로판올(propanol)이라 한다.

알코올을 분류할 때 1차(primary), 2차(secondary), 3차(tertiary)라는 표현을 사용하기도 하는데, 이것은 OH기가 결합된 알코올 분자 내 탄소원자에 직접 결합된 탄소원자의 개수를 의미한다. 따라서 알코올 분자 내 OH기가 결합된 동일 탄소원자에 직접 결합된 탄소원자의 개수가 1개이면 1차 알코올, 2개이면 2차 알코올, 3개의 경우를 3차 알코올이라 한다.

그러나 OH기가 있는 탄화수소 분자들 중에는 분자 내 서로 다른 여러 개의 탄소원자에 OH기가 결합된 구조도 있다. 서로 다른 2개의 탄소원자에 각각 1개씩의 OH기가 결합된 것을 ~diol이라고 부르는 것이 원칙적(IUPAC)이지만 일반적으로는 글리콜(glycol)이라고 한다. 마찬가지로 탄화수소 한 분자 내 서로 다른 3개 이상의 탄소원자에 각각 1개씩의 OH기가 결합된 것은 ~triol이라고 부르는 것이 원칙적(IUPAC)이지만 일반적으로는 글리세린(glycerin)이라고 한다.

$CH_3CH_2CH(CH_3)OH$	Sec-butylalcohol
$ClCH_2CH_2CH_2OH$	3-Chloro-1-propanol
$CH_3CHOHCH_2OH$	Propylene glycol(1,2-Propanediol)
$CH_2OHCHOHCH_2OH$	Propylene glycerin(1,2,3-Propanetriol)

그리고 R－OH로 표현되는 알코올이 산소원자 대신 황원자를 가져서 R－SH 구조가 되면 티올(Thiol)이라고 하는데, 상업적으로는 메르캅탄(Mercaptan)이라고 부른다.

3.2.7 에터(ether)

산소원자를 중심으로 양쪽에 알킬기(R)가 결합된 구조의 탄화수소 분자를 에터라고 하며 일반식은 R－O－R이다. 또한 반대편에 위치한 알킬기는 종류와 무관하다. 에터는 명명시 알킬기의 이름을 순서대로 불러준다.

CH_3-O-CH_3	Dimethyl ether
$CH_3-O-C_2H_5$	Methylethyl ether
$CH_3CH(CH_3)-O-CH(CH_3)CH_3$	Diisopropyl ether

그러나 알킬기를 구성하는 탄화수소의 사슬이 긴 쪽이 주축이라고 생각하면 상대적으로 길이가 긴 사슬의 중간 부분에 결합된 짧은 길이의 －OR기는 '∼oxy' 라는 명칭을 사용한다.

$CH_3(OCH_3)CHCH_2CH_3$	2-Methoxybutane
$CH_3-O-CH_2CH_2-O-CH_3$	1,2-Dimethoxyethane

그리고 에터에서 산소원자 대신 황이 들어가 R－S－R 구조를 이루면 이를 티오에터(Thioether)라고 한다.

3.2.8 케톤(ketone)

카르보닐기(CO)를 중심으로 양쪽에 알킬기(R)가 결합된 구조의 탄화수소 분자를 케톤이라 하며 일반식은 R－CO－R이다. 또한 반대편의 두 알킬기는 크기와 종류가 같을 수도 있고 다를 수도 있다. 그리고 알킬기가 들어가는 자리에 알킬기 대신 이중결합을 포함한 치환기 등이 위치할 경우 'ketone'을 줄여서 '～one'로 표현하기도 한다.

$H_3C-CO-CH_3$	Dimethyl ketone(＝Acetone)
$CH_3COC_2H_5$	Methylethyl ketone(MEK)
$CH_3COCH=CH_2$	2-Butanone
$CH_3CH_2COCH_2CH_3$	Diethyl ketone(＝3-Pentanone)
$CH_3CH_2CH_2COCH_2CH_2CH_3$	Dipropyl ketone(＝4-Heptanone)

3.2.9 알데하이드(aldehyde)

카르보닐기(CO)를 중심으로 양쪽에 각각 알킬기와 수소원자가 결합된 구조를 알데하이드라고 하며 일반식은 RCHO이다. 알데하이드의 명칭은 알킬기의 이름을 기준으로 하여 결정된다. 케톤의 경우와 같이 알데하이드 역시 알킬기를 분자 내 주 사슬로 보면 이중결합을 포함한 탄화수소의 중간 부분에 결합된 CO기로 볼 수 있다. 이 경우에는 사슬형 지방족 탄화수소의 명명법에 따라 이름을 부르고 끝 부분만을 '～al'로 마무리해 준다. 그리고 'form'은 탄소원자 1개를, 'acet'는 탄소원자 2개를 의미하는 표현이다.

HCHO	Formaldehyde
CH_3CHO	Acetaldehyde
CH_3CH_2CHO	Propanal(＝Methylacetaldehyde)
$CH_3CH_2CH_2CHO$	Butanal(＝Butylaldehyde)

3.2.10 에스터(ester)

카르보닐기(CO)를 중심으로 양쪽에 알킬기 또는 아릴기(aryl group)가 결합된 구조이며 한쪽에는 산소가 붙어 있는 것이 에스터이다. 다른 표현으로서 카복실기(COO)를 중심으로 양쪽에 알킬기 또는 아릴기가 결합된 구조이며 일반식은 RCOOR′로 나타낸다. 에스터의 명명법은 조금 독특하다. RCOOR′ 중 순서적으로

뒷부분(back end, R′)을 먼저 부르고 난 뒤 앞부분(front end, R)을 명명해야 하고, 앞부분을 표현할 때는 CO를 포함한 탄소 개수를 기준으로 하여 끝은 항상 'ate' 또는 'oate'로 마쳐야 한다.

$CH_3CH_2COOCH_3$	Methylpropylate
$CH_3COOCH_2CH_3$	Ethylacetate(=Ethylethanoate)
$CH_3COOCH{=}CH_2$	Vinylacetate
$CH_3COOCH_2CH_2CH_3$	Propylacetate
$C_6H_5COOCH_2CH_2CH_3$	Propylbenzoate

3.2.11 카복실산(carboxylic acid)

탄화수소 분자 내 카복실기(COO)를 가진 산(acid)이 카복실산이며 일반식은 RCOOH이다. 에스터와 유사한 구조이나 한쪽 산소원자에 알킬기 대신 수소원자가 결합되어 있는 형태이다. 카복실산의 이름은 공식명(IUPAC name)으로 탄소원자 개수에 따른 고유명에 끝 부분을 '~oic acid'를 붙여주면 된다. 그러나 관습명(common name)은 고유한 이름을 가지는 점이 특징적이다.

화학식	공식명	관습명
HCOOH	Methanoic acid	Formic acid
CH_3COOH	Ethanoic acid	Acetic acid
CH_3CH_2COOH	Propanoic acid	Propionic acid
$CH_3CH_2CH_2COOH$	Butanoic acid	Butyric acid
$CH_3CH_2CH_2CH_2COOH$	Pentanoic acid	Valentic acid
$C_5H_{11}COOH$	Hexanoic acid	Caproic acid
$C_7H_{15}COOH$	Octanoic acid	Caprylic acid
$C_9H_{19}COOH$	Decanoic acid	Capric acid

3.3 배위화합물의 이름

배위화합물(coordinated covalent compound)은 금속원자와 리간드(ligand) 사이에 배위공유결합을 통해 생성된 화합물이다. 이 결합은 공유결합에 필요한 적어도 1개 이상의 전자쌍을 리간드가 제공하고 이를 금속이 받아들이는 형태이다.

배위화합물은 그 구조가 상대적으로 복잡하여 착물(complex)이라고 불리는데 일반식은 ML_n으로 표현할 수 있다. 여기서 M은 금속(metal)을 의미하며 L은 리간드(ligand)를 나타낸다.

배위화합물의 이름은 다음 네 가지 규칙에 따라 결정된다.

1) 리간드의 이름을 금속보다 먼저 불러야 하고 리간드의 이름 중 di, tri, tertra와 같은 개수를 나타내는 어휘 부분이 있으면 bis, tris, tetrakis로 리간드의 개수를 표현해야 한다.
2) 2개 이상의 배위자가 있을 경우에는 음성배위자, 중성배위자, 양성배위자의 순서로 명칭을 결정하며, 음성배위자의 끝 어미는 'o'로 바꾼다. 단, 음성배위자의 경우에도 관용적인 리간드명은 어미변화를 주지 않는다.
3) 금속의 산화상태는 괄호 속의 로마숫자로 표기한다.
4) 배위화합물이 전체적으로 음이온일 경우 금속원자의 어미를 'ate'로 바꾼다. 백금이나 코발트 등의 전이금속은 라틴어 유래에 따르며 뒤에 다른 양이온의 이름을 불러야 할 경우에는 어미에 '산'을 붙인다.

$[PtCl_6]^{2-}$	육염화백금(Ⅳ)	Hexachloroplatinate(Ⅳ)
$[Co(en)_3]^{2+}$	삼에틸렌디아민코발트(Ⅱ)	Trisethylenediaminecobalt(Ⅱ)
$[Ag(NH_3)_2]^{+}$	이암민은(Ⅰ)	Diamminesilver(Ⅰ)
$[Fe(H_2O)_4SO_4]^{+}NO_2^{-}$	아질산황산사아쿠오철(Ⅲ)	Sulfatotetraaguoiron(Ⅲ)nitrite

〈표 3-3〉 대표적 리간드의 종류와 명칭

화학종	한글명	영어명
F^-	플루오로	fluoro
Cl^-	염화(클로로)	chloro
Br^-	브롬화(브로모)	brome
I^-	요오드화(요오도)	iodo
O^{2-}	옥소	oxo
CN^-	시아노	cyano
NCS^-	티오시아나토	thiocyanato
NO_2^-	아질산	nitro
OH^-	수산화(히드록소)	hydroxo
CO_3^{2-}	탄산(카보나토)	carbonato
SO_4^{2-}	황산(술파토)	sulfato
NH_3	암민	ammine
H_2O	아쿠오	aguo
CO	카르보닐	carbonyl
NO	니트로실	nitrosyl
$NH_2CH_2CH_2NH_2$	에틸렌디아민	ethylenediamine(en)
$(OCOCH_2)_2NCH_2CH_2N(OCOCH_2)_2^{4-}$	에틸렌디아민 사초산이온	ethylenediaminetetraacetic acid(EDTA)

예제 3-4

아래 착물들의 이름을 한글명과 영어명으로 표현하시오.

a) $Ni(CO)_4$ b) $K_4[Co(CN)_6]$ c) $Pt(NH_3)_2Cl_2$ d) $(NH_4)_2[CuBr_4]$

정답 : a) 사카르보닐니켈(Ⅳ), Tetracarbonylnickel(Ⅳ)
b) 육시아노코발트(Ⅱ)산칼륨, Potassiumhexacyanocobalt(Ⅱ)
c) 이염화이암민백금(Ⅱ), Dichlorodiammineplatinum(Ⅱ)
d) 사브롬화구리(Ⅱ)산암모늄, ammoniumtetracuprate(Ⅱ)

3.4 소화약제의 이름

화재를 진압하는 데 사용되는 물질은 물 이외에도 액체, 기체, 고체, 거품 등 다양한 상태의 여러 가지 화학물질이 소화용 약제(extinguishing agent)로 이용된다. 대부분의 소화약제는 지금까지 소개한 화합물 명명법의 일반적 규칙에 따라 이름이 결정되지만 일부 물질은 고유명을 가지거나 고유한 명명 규칙을 가지고 있다.

3.4.1 분말소화약제(dry chemicals for extinguishment)

분말소화약제는 주된 성분에 따라 네 종류로 구분되며 제1종부터 제4종까지의 성분은 각각 $NaHCO_3$, $KHCO_3$, $NH_4H_2PO_4$, $KHCO_3 + CO(NH_2)_2$이다. 분말소화약제 중에서 현재 사용되고 있는 것은 제3종 소화분말이 유일하다.

$NaHCO_3$	탄산수소나트륨 (Sodium hydrogen carbonate)
	중탄산나트륨 (Sodium bicarbonate)
$KHCO_3$	탄산수소칼륨 (Potassium hydrogen carbonate)
	중탄산칼륨 (Potassium bicarbonate)
$NH_4H_2PO_4$	제1인산암모늄 (Ammonium dihydrogen phosphate, Primary ammonium phosphate)
$CO(NH_2)_2$	이아민카르보닐 (Carbonyl diamide), 요소(Urea)

3.4.2 포소화약제(foam agents for extinguishment)

포소화약제는 거품을 발생시키는 방법에 따라 화학포 소화약제와 기계포(공기포) 소화약제로 구분된다. 화학포 소화약제는 이산화탄소 기체가 주성분인 기포 형성을 위해 두 가지 화학물질을 혼합시켜 준다. 이 두 성분은 $NaHCO_3$와 $Al_2(SO_4)_3 \cdot 18\,H_2O$이다. $Al_2(SO_4)_3 \cdot 18\,H_2O$의 이름은 황산알루미늄 18수화물(Aluminum sulfate eighteenhydrate)이다. 그러나 기계포 소화약제는 단백질 가수분해물이 주성분인 단백포(Protein Foam Agent), 단백질 가수분해물과 탄화불소계 계면활성제 혼합물인 불화단백포, 단백질 가수분해물과 탄화수소계 계면활성제 혼합물인 알코올형포, 탄화수소계 계면활성제포, 탄화불소계 계면활성제가 주성분인 수성막포(Aqueous Film Foaming Foam, AFFF)로 구분할 수 있다. 탄화수소계 합성계면활성제는 고급알코올에스터가 주성분으로 많이 이용된다. 여기에 사용되는 고급알코올은 탄소원자의 개수가 대개 10~16개 정도의 알코올이다. 다음은 탄화수소계 합성계면활성제의 대표적 성분들이다.

아민염	$R_nNH_{(3-n)}X$
암모늄염	$RN(CH_3)_2CH_3X$
설폰산염	$RCH(SO_3Na)R'$
황산에스터염	$ROSO_3Na$ (고급알코올 황산에스터염)
카복실산염	$RCOONa$
인산에스터염	$ROPO_3Na_2$ (고급알코올 인산에스터염)
알코올유도체	$RCOOCH_2(OH)CH_2OH$
고급알코올에틸렌옥시드	$R(C_2H_4)_nOH$

3.4.3 할론소화약제(halons for extinguishment)

할론소화약제는 탄화수소 구조의 분자 내 할로겐 원자(F, Cl, Br, I)가 들어 있는 물질이다. 소화약제의 이름은 할론(Halon)이라는 명칭 뒤에 4개의 숫자로 나타내는데 분자를 구성하는 원자들의 종류를 정해진 순서에 따라 각각의 개수로 표기한다. 첫 번째 숫자는 탄소(C)의 개수, 두 번째는 플루오르(불소, F), 그 다음은 염소(Cl), 마지막은 브롬(Br)의 개수이다. 예로서 할론 1301과 할론 2402의 분자식은 각각 CF_3Br과 $C_2F_4Br_2$이다.

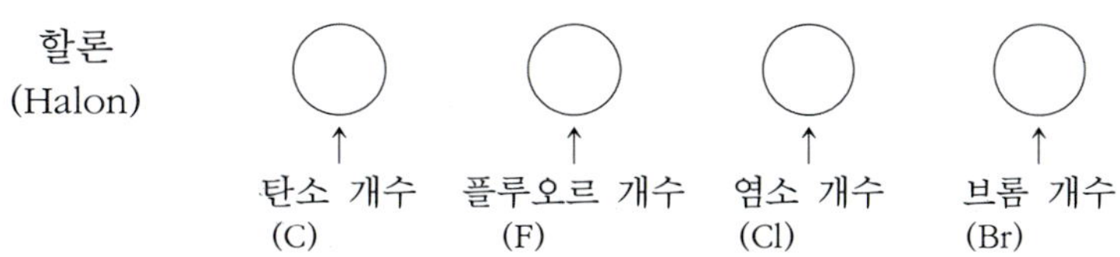

[그림 3-6] 할론소화약제 명명법

〈표 3-4〉 할론소화약제의 종류와 명칭

화학식	할론명
CF_2ClBr	할론 1211
CF_3Br	할론 1301
$C_2F_4Br_2$	할론 2402

3.4.4 할로겐화합물 및 불활성기체 소화약제

과거 청정소화약제로 분류되던 소화약제들이며 크게 할로겐화합물과 불활성기체의 두 종류로 구분한다.

할로겐화합물은 골격을 이루는 탄화수소 분자 내 할로겐 원자가 1개 이상 들어 있는 분자들로서 그 성분에 따라 FC계, HFC계, HCFC, FIC계로 구분한다. FC계는 분자를 구성하는 원자들의 종류가 플루오르(F)와 탄소(C)뿐이며, HFC계는 수소(H)와 플루오르(F)와 탄소(C)로만, HCFC계는 수소와 염소(Cl)와 플루오르와 탄소로만, FIC계는 플루오르와 요오드(I)와 탄소로만 되어 있다. 할로겐화합물 소화약제의 명명법은 분자의 종류에 따른 계열을 먼저 적은 후 3개의 숫자로 표기하는 방법이다. 숫자의 의미는 순서에 따라 탄소 개수에서 1을 뺀 수, 수소 개수에서 1을 더한 수, 플루오르의 실제 개수를 나타낸다. 다만 플루오르 이외의 할로겐 원자가 포함될 경우에는 3자리 숫자 뒤에 추가로 표기한다. 이때 염소의 경우에는 플루오르 다음에 위치하는 원자이므로 표기하지 않고, 브롬과 요오드의 경우에만 B2(브롬이 2개) 또는 I1(요오드가 1개)과 같이 나타낸다. 또한 첫 숫자가 0인 경우에는(탄소 원자의 개수가 1개의 경우) 숫자를 생략할 수도 있다. 그러므로 FC 3-1-10, HFC 23, HCFC 123의 분자식은 각각 C_4F_{10}, CHF_3, $C_2HF_3Cl_2$이다. 다만 최근 높은 소화성능과 '젖지 않는 물'로 불리는 특별한 성질로 인해 유명한 노벡(NOVEC)은 $C_6F_{12}O$의 분자식을 가진 할로겐화합물 소화약제로서 FK 5-1-12의 공식명을 가지고 있다. 명칭 속 K는 칼륨 성분이 있다는 의미가 아니라 예외적으로 분자 내 케톤기(C=O)가 있음을 나타낸 것이다.

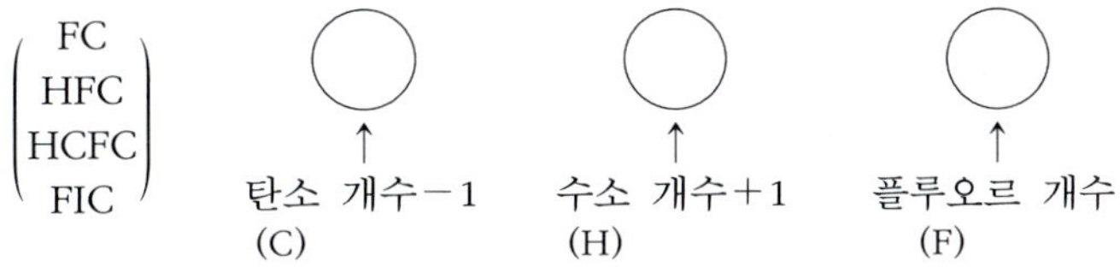

[그림 3-7] **할로겐화합물 소화약제 명명법**

불활성기체 소화약제의 이름은 비활성기체(inert gas, IG)를 의미하는 IG에 구성성분인 질소 기체(N_2), 아르곤 기체(Ar), 이산화탄소 기체(CO_2)의 양적인 백분율(%)을 순서대로 표기한 것이다. 특정 성분이 없으면 0으로 표기하고 3자리 숫자 중 마지막 숫자가 0인 경우에는(이산화탄소 성분이 없는 경우) 이를 생략하기도 한다. 예로서 IG 541과 IG 01은 각각 50%의 질소 기체와 40%의 아르곤과 10%의 이산화탄소, 그리고 100% 아르곤 기체로만 구성된 소화약제들이다.

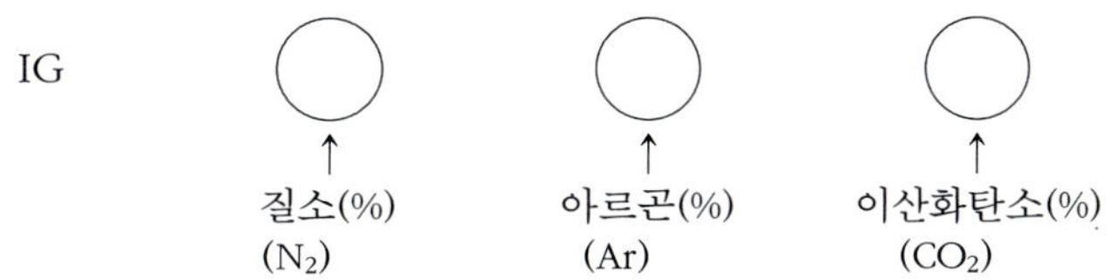

[그림 3-8] **불활성기체 소화약제 명명법**

〈표 3-5〉 **몇 가지 할로겐화합물 및 불활성기체 소화약제**

공식명	분자식 또는 성분
FC 2-1-8	C_3F_8
HCFC 124	C_2HF_4Cl
HFC 125	C_2HF_5
FIC 13I1	CF_3I
IG 55	N_2(50%), Ar(50%)
IG 10	N_2(100%)

연습문제

1. 다음 무기화합물의 이름을 결정하시오. (한글명 및 영어명)

a) $Mg(ClO_2)_2$ b) $KHCO_3$ c) N_2O_4

2. 다음 이온화합물의 이름을 결정하시오. (영어명 및 라틴어 유래명)

a) $CuCl_2$ b) Fe_2O_3 c) SnO_2 d) $PbSO_4$

3. 다음 산-염기 분자들의 이름을 결정하시오. (한글명 및 영어명)

a) $HClO_4$ b) HCl c) H_2SO_3 d) NH_4OH

4. 2,2-Dichloro-4-bromohexane의 분자식은?

5. 2,3-Dimethyl-2-butene은 구조적으로 대칭성을 가지는가?

6. Isobutylene을 다른 이름으로 바꾼다면?

7. Cyclopentane과 Toluen은 어느 것이 더 많은 수소원자를 가지는가?

8. Glycol과 Glycerin의 차이점은?

9. Freon 12B1을 할론명으로 바꾸면?

10. HFC 227 할로겐화합물 소화약제의 분자식과 IG 10의 구성성분은?

CHAPTER 4

화학결합

4.1 분자 내 결합과 분자간 인력

분자 내 결합(intramolecular bond)은 분자 내 원자간 또는 이온간 작용하는 화학적 인력으로서 분자를 생성케 하는 근본적인 추진력이다. 그러나 분자간 인력(intermolecular attraction)은 분자와 분자 사이에 작용하는 인력으로서 물질의 상태 변화에 영향을 끼친다. 예를 들어 분자간 인력이 강한 물질은 액체에서 기체로의 상전이가 어렵고 증발열 또한 상대적으로 크다. 이것은 분자간 인력이 작용하는 액체상과 작용하지 않는 기체상의 근본적인 차이에 기인한다.

물 분자의 경우 산소원자와 수소원자 사이의 인력은 분자 내 결합이며 물 분자와 이웃 물 분자 사이의 힘은 분자간 인력이다. 일반적으로 분자 내 결합은 분자간 인력에 비해 힘이 강하고 그 세기는 종류에 따라 차이가 있으나 평균적으로 20배 이상 크다. 따라서 분자와 관련된 인력을 나타낼 때 인력의 크기를 고려하여 분자 내 결합은 실선으로, 분자간 인력은 점선으로 표현하는 것이 일반적이다.

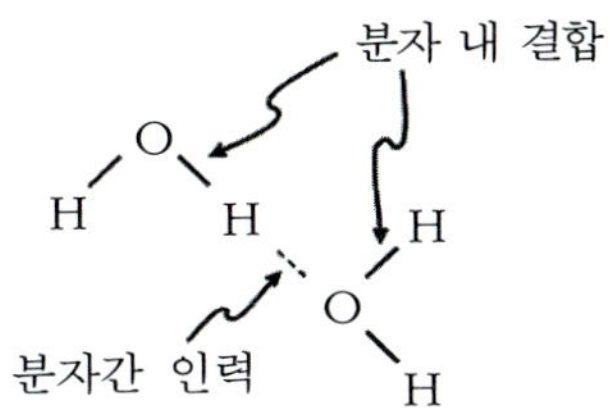

[그림 4-1] 물 분자에 작용하는 힘

4.2 이온결합(Ionic Bond)

이온결합은 양이온(cation)과 음이온(anion)이 정전기적인 인력에 의해 결합을 이루는 것이며 금속과 비금속 사이에 형성된다. 정전기적인 인력은 쿨롱힘

(Coulombic force)이라고도 하는데, 그 크기는 두 이온의 전기적인 크기, 즉 전하량에 비례하고 두 이온간 거리의 제곱에 반비례한다.

이온결합에 의해 생성된 분자가 이온화합물이며 녹는점(melting point)이 상대적으로 높다. 이온화합물은 다른 이름으로 '염(salt)'이라고 하는데 일반적으로는 물에 잘 녹으나 거의 녹지 않는 난용성 염도 있다. 다음의 식 (4.1), (4.2), (4.3)은 모두 이온결합을 보여주고 있으나 NaCl과 KBr은 물에 잘 녹지만 $CaSO_4$는 난용성 염이다.

$$Na^{+} + Cl^{-} \longrightarrow NaCl \tag{4.1}$$

$$K^{+} + Br^{-} \longrightarrow KBr \tag{4.2}$$

$$Ca^{2+} + SO_4^{2-} \longrightarrow CaSO_4 \tag{4.3}$$

4.3 공유결합(Covalent Bond)

공유결합은 중성 원자들 사이에 원자가전자(valence electron)를 공유함으로써 형성되는 결합이다. 이 결합의 근원적인 추진력은 팔전자계 규칙에 의한 분자의 에너지적 안정성이라 할 수 있다.

4.3.1 팔전자계 규칙(octet Rule)

원자는 각기 다른 원자번호를 가짐과 같이 서로 다른 개수의 전자를 가진다. 전자의 개수가 많을수록 여러 개의 전자껍질이 사용되며 전자가 들어 있는 껍질들 중 핵으로부터 가장 바깥쪽에 있는 것을 원자가껍질(valence shell) 또는 원자가(valence)라고 한다. 원자는 일반적으로 원자가에 8개의 전자가 있을 때 가장 안정하다. 몇 가지 예외적 원자로서 수소(H)와 헬륨(He)은 2개, 베릴륨(Be)은 4개, 붕소(B)는 6개, 인(P)은 10개, 황(S)은 12개의 원자가전자들(valence electrons)로서 안정하지만 그 밖의 대부분 원자들은 8개의 원자가전자를 가지려고 한다.

이를 팔전자계 규칙이라고 한다.

팔전자계 규칙으로 볼 때 부족한 전자 개수를 가지는 원자들은 이웃 원자와의 원자가전자를 서로 공유함으로써 에너지적으로 안정한 상태가 되려고 한다. 이와 같이 이웃 원자가 원자가전자를 공유함으로써 분자를 형성하는 것이 공유결합이다.

4.3.2 루이스 기호(Lewis symbol)와 루이스 구조(Lewis structure)

한 원자가 가지는 원자가전자를 원소기호의 상하좌우에 점으로 나타낸 것이 루이스 기호이며, 공유결합을 형성한 분자에 대해 표현한 것은 루이스 구조이다. 주기율표에서 주족원소(A족)들은 족의 번호와 원자가전자의 개수가 같다.

루이스 구조에서는 공유전자 한 쌍을 '—' 기호를 사용하여 결합을 표현하고 이를 단일결합(single bond)이라고 한다. 그러나 공유결합에서 루이스 구조로 볼 때 두 쌍 혹은 세 쌍의 원자가전자를 공유하는 경우도 있다. 이때에는 각각을 이중결합(double bond)과 삼중결합(triple bond)이라고 한다.

이와 같이 공유결합은 이온결합과는 달리 다중결합(multiple bond)을 형성할 수 있음이 특징이다. 그리고 공유결합에 참여하는 원자가전자의 쌍을 결합전자쌍(bonding electron pair)이라고 하며 결합에 참여하지 않는 원자가전자쌍을 비공유전자쌍(non bonding electron pair) 또는 고립전자쌍(lone pair)이라고 한다.

루이스 구조는 공유결합을 나타내는 효과적인 표현법이다.

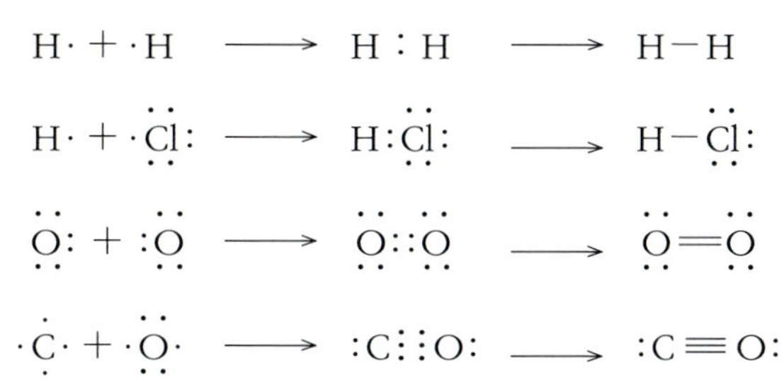

(4.4)
(4.5)
(4.6)
(4.7)

4.3.3 극성공유결합(polar covalent bond)

공유결합으로 생성된 공유화합물 분자는 내부 전자들이 분자 전체에 골고루 분포하는 경우와 그렇지 않은 경우의 두 가지 형태가 있다. 전자의 경우는 전자들이 분자 내 3차원 공간 어느 한쪽으로도 분포의 치우침이 없는 것으로서 부분적인 전하의 차이가 없다. 그러나 후자의 경우 공유화합물 분자 내 전자들이 특정 공간에 비대칭적으로 분포하고 있어서 공간적으로 약간의 전하 차이를 나타내게 된다. 이를 극성공유결합이라고 한다. 즉 극성공유결합은 전체적으로 중성인 공유화합물 분자 내부에 부분적으로 약하게 양전하(δ^+)와 음전하(δ^-)를 가진 한 쌍의 극이 존재한다. 극성공유결합의 형성은 공유결합에 참여하는 원자들의 고유한 성질이 다르기 때문이며 전자를 당기는 힘을 나타내는 전기음성도(electronegativity)가 큰 원자일수록 주변의 공유전자를 강하게 당기므로 음전하를 나타내게 된다. 따라서 동일 원자간 공유결합이나 다른 원자간 공유결합이라도 전자 분포가 공간적으로 대칭성을 가지는 공유화합물은 모두 비극성공유결합이다.

4.3.4 형식전하(formal charge)

공유결합으로 생성된 공유화합물 분자 내 각 원자들이 가지는 형식적이며 이론적인 전하를 형식전하라고 한다. 형식전하는 각 원자가 가지는 실제적인 전하량과는 차이가 있으나 구성원자 상호간 상대적인 비교에 유용하다. 형식전하의 크기는 다음의 관계식을 통해 계산할 수 있다.

$$\text{형식전하} = \text{총 원자가전자 개수} - (\text{결합의 개수} + \text{비공유전자의 개수}) \quad (4.8)$$

예를 들어 식 (4.6)의 산소원자와 식 (4.7)의 산소원자는 형식전하가 식 (4.8)에 의해 각각 다음과 같이 계산된다.

$$(4.6)\text{의 O} = 6 - (2 + 4) = 0$$
$$(4.7)\text{의 O} = 6 - (3 + 2) = 1$$

즉 O_2의 산소원자는 형식전하가 0이지만 CO의 산소원자는 +1로서 CO 분자 내 산소원자는 양하전된 성격을 나타내고 있다.

4.4 배위결합(Coordinated Bond)

배위결합은 배위공유결합(coordinated covalent bond)의 약칭이다. 즉 배위결합은 공유결합의 한 종류이나 결합 형성의 처음 형태에 차이가 있다. 공유결합은 공유전자들을 결합의 주체인 두 원자가 서로 제공하여 공유하지만 배위결합은 한쪽에서만 공유전자를 내어놓고 다른 쪽은 전자 제공 없이 공유전자만을 공유한다는 점이 다르다. 이미 '3.3절 배위화합물의 이름'에서 소개한 것과 같이 리간드라고 불리는 전자쌍 제공자와 공유전자를 받기만 하는 금속(metal) 사이에서 이루어지는 결합이 배위결합이다. 또한 배위결합으로 형성된 배위화합물 중에는 유기금속화합물(organometallic compound)도 있으며, 구조가 복잡하다 하여 착물(complex)이라고도 한다. 특히 배위화합물은 전기적으로 중성 분자뿐 아니라 이온상태로 존재할 수 있는데, 이를 착이온(complex ion)이라고 한다. 리간드의 종류에는 공유전자쌍을 1개 가진 것이 대부분이지만 특별한 리간드에는 2개 이상의 공유전자쌍을 제공하는 것도 있다. 이런 리간드를 킬레이트제(chelating agent)라고 하며 에틸렌디아민(en)과 에틸렌디아민사초산염(EDTA)이 대표적이다.

배위화합물은 대부분 고유한 색깔을 띠고 있는 점이 특징이다. 이것은 배위결합시 리간드의 접근 방향에 따라 금속이 가진 d궤도들의 에너지 준위가 분리됨에 기인한다.

배위화합물의 일반적 형태는 ML_n으로 나타내는데, ML_4 형과 ML_6 형이 대표적인 예이다. ML_4 형과 ML_6 형은 리간드가 각각 4개와 6개를 가진다. 따라서 적어도 1개 이상의 전자쌍을 가진 리간드들이 배위결합을 형성하기 위해 금속에 접근하게 되면 금속의 5개 d궤도들은 리간드와의 음전하간 반발력으로 인해 에너지 준위의 분리가 일어난다. 특히 리간드의 개수에 따라 ML_4 형은 사면체를 형성함으로써 축사이 방향에 있는 3개의 d궤도(d_{xy}, d_{yz}, d_{xz})가 불안정해지며, ML_6 형은 정팔면체를 형성함으로써 축방향에 있는 2개의 d궤도($d_{x^2-y^2}$, d_{z^2})가 불안정해진다. 이를 결정장이론(crystal field theory, CFT)이라고 한다.

따라서 아래쪽 d궤도에서 위쪽 d궤도로 전자 이동시 에너지를 필요로 하며, 여기에 적합한 에너지가 가시광선 영역의 특정 파장의 빛에너지이다.

결국 착물은 d궤도 분리에 의해 d궤도간 전자 이동시(d-d transition) 가시광선 영역 중 특정한 파장의 빛만을 흡수함으로써 그 보색을 나타내게 된다.

동물과 식물에서 가장 대표적인 생체 분자라고 할 수 있는 헤모글로빈과 엽록소는 각각 철과 마그네슘을 중심 금속으로 가진 전형적인 배위화합물이다.

4.5 금속결합(Metallic Bond)

금속결합은 규칙적인 배열의 격자점에 고정된 금속 양이온(metal cation, M^{n+})과 그 주변을 이동하는 자유전자(free electron) 사이의 인력으로 형성되는 결합이다. 대부분의 금속 고체는 다음과 같은 형태로 결합력을 유지하고 있다.

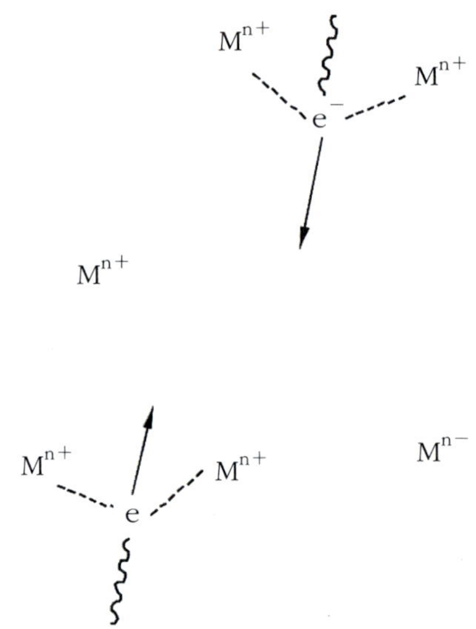

[그림 4-2] 금속결합의 형성

자유전자는 한 원자의 원자가에 있던 전자가 이탈하여 어떤 원자에도 속하지 않는 상태로 유리하는 전자이다. 금속결합은 실제로 금속 양이온과 자유전자 사이의 인력이 작용하고 있으나 결과적으로는 금속과 금속 간의 인력이 작용하는 효과가 나타난다.

4.6 분자간 인력(Intermolecular Attraction)

분자와 분자 사이에 작용하는 끌어당기는 힘이 분자간 인력이다. 분자간 인력은 크게 이중극자-이중극자 상호인력(dipole-dipole attraction), 수소결합(hydrogen bond), 런던힘(London force)으로 구분한다. 세 가지 종류 중 인력이 상대적으로 가장 강한 것이 수소결합이지만 분자 내 결합들에 비해 그 크기가 5% 정도일 뿐이다.

4.6.1 이중극자-이중극자 상호인력(dipole-dipole attraction)

분자가 극성공유결합 등과 같은 원인에 의해 내부적으로 한 쌍의 극이 존재하는 극성분자가 될 수 있다. 이런 극성분자를 이중극자 또는 영구이중극자(permanent dipole)라고 한다. 이중극자는 이웃에 있는 이중극자와 정전기적인 인력이 작용하게 된다. 결국 이중극자-이중극자 상호인력은 영구이중극자와 이웃 영구이중극자 사이에 형성되는 정전기적 인력을 가리킨다.

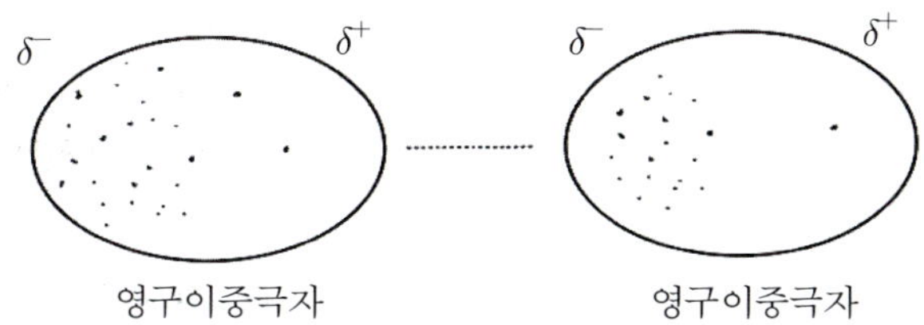

[그림 4-3] 이중극자-이중극자 상호인력

4.6.2 수소결합(hydrogen bond)

수소결합은 이중극자-이중극자 상호인력의 특별한 한 형태로서 전기음성도가 작은 수소원자가 전기음성도가 큰 원자와 공유결합을 형성하여 생긴 극성분자들 사이의 인력이다. 인력의 형성 과정은 이중극자-이중극자 상호인력과 같으나 그 세기가 이중극자-이중극자 상호인력에 비해 특별히 커 수소결합이라고 부른다. 전기음성도가 크고 수소와 공유화합물을 형성시 수소결합이 나타날 수 있는 원소로는 플루오르(F), 산소(O), 질소(N), 염소(Cl) 등이 있다.

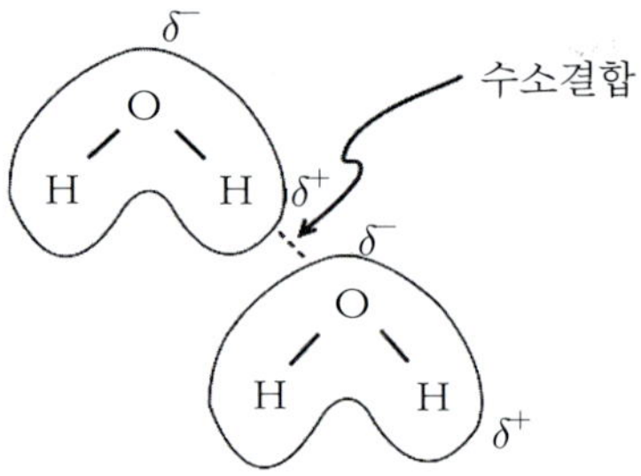

[그림 4-4] 물 분자의 수소결합

4.6.3 런던힘(London force)

과학자 London이 발견한 분자간 힘으로서 비극성 분자간 인력은 전적으로 이것에 의존한다. 비극성 분자는 외형적으로 전기적인 특성을 나타내지 않고 늘 중성이다. 그러나 분자 내 전자들의 이동에 따른 순간적인 비편재화(localization)와 분자의 진동운동에 의해 순간적으로 이중극자(instaneous dipole)가 형성될 수 있다. 또한 이 순간이중극자의 형성은 이웃의 비극성 분자에 영향을 끼쳐 순간적일지라도 이중극자를 유도할 수 있다. 따라서 짧은 시간이지만 순간이중극자와 유도이중극자(induced dipole) 사이에 생기는 인력이 London 힘이다. 이 힘은 비극성 분자에 존재하는 유일한 분자간 인력이며 그 세기도 분자간 인력 중 가장 약하다.

탄화수소가 주성분인 유류 등의 비극성 분자에서는 탄소 개수가 많고 분자의 크기가 큰 분자일수록 London 힘은 더욱 커지게 되어 비점(boiling point)도 높아진다. London 힘은 분산력(dispersion force)이라고 부르기도 한다.

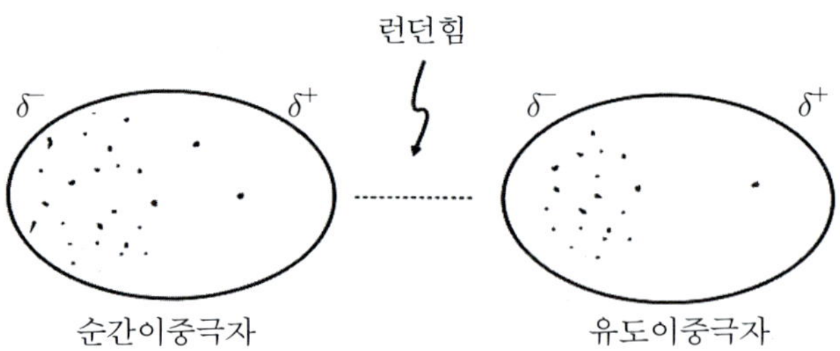

[그림 4-5] 런던힘의 형성

4.7 원자가껍질 전자쌍 반발이론

원자가껍질 전자쌍 반발이론(valence shell electron pair repulsion theory)은 흔히 VSEPR 이론이라고 한다. 그 내용은 말 그대로 "**원자의 결합에 참여하는 원자가껍질의 전자쌍들은 서로 반발하므로 이 반발력을 최소로 하는 형태로 분자의 공간적 모양이 결정된다**"는 것이다. 즉 공유결합을 통해 형성되는 공유화합물의 삼차원적인 분자형태를 설명하는 이론이다. 구체적으로 기준이 되는 한 원자에 공유결합하는 전자쌍이 두 곳에 있다고 가정한다면 이 2개의 전자쌍은 서로간 반발하므로, 이 반발력이 최소화되는 방향은 반대 방향이 되어야 하고 기준 원자를 중심으로 한 결합각(bond angle)은 180°가 되어야 한다는 이론이다. 결국 VSEPR 이론은 모든 공유화합물의 삼차원적 공간형태를 크게 다섯 가지로 분류하고 있으며 공유결합의 중심 원자는 공간형태의 무게 중심에 있다고 본다.

VSEPR 이론에서 서로간 반발하는 전자쌍에는 두 종류가 있다. 그것은 공유결합에 참여한 결합전자쌍(bonding pair, b.p)과 참여하지 못한 고립전자쌍(lone pair, l.p)이다. 이 두 종류의 전자쌍의 반발력은 동일하지 않고 다음과 같은 차이를 가진다.

$$\text{b.p}-\text{b.p 반발력} < \text{b.p}-\text{l.p 반발력} < \text{l.p}-\text{l.p 반발력} \qquad (4.9)$$

따라서 중심 원자 주위에 4개의 전자쌍을 공통적으로 가지는 CH_4, NH_3, H_2O는 외형적으로 사면체 공간형태를 가지지만 결합각은 전자쌍 반발력의 크기에 따라 약간의 차이를 나타낸다. CH_4는 4개의 전자쌍이 모두 결합전자쌍이므로 AB_4

〈표 4-1〉 VSEPR 이론의 다섯 가지 분자형태

전자쌍 개수	공간형태	결합각	예
2	선형(linear)	180°	BeH_2
3	평면삼각형(trigonal planar)	120°	BH_3
4	정사면체(tetrahedral, Td)	109.5°	CH_4
5	삼각쌍뿔(trigonalbipyramid, tbp)	90°, 120°	PCl_5
6	정팔면체(octahedral, Oh)	90°, 180°	SF_6

형, NH_3는 3개의 결합전자쌍과 1개의 고립전자쌍을 가지므로 AB_3L형, H_2O는 2개의 결합전자쌍과 2개의 고립전자쌍을 가지므로 AB_2L_2형이다. 그러므로 l.p－l.p 반발력이 전혀 없는 CH_4는 결합각이 정상적으로 109.5°이다. 그러나 고립전자쌍이 1개 들어 있는 NH_3는 그 영향을 받아 b.p－b.p로 구성된 결합각이 위축되어 107°를 나타낸다. H_2O의 경우 2개의 고립전자쌍에 의한 반발력 증가로 인해 결합각은 가장 작은 105°를 이룬다.

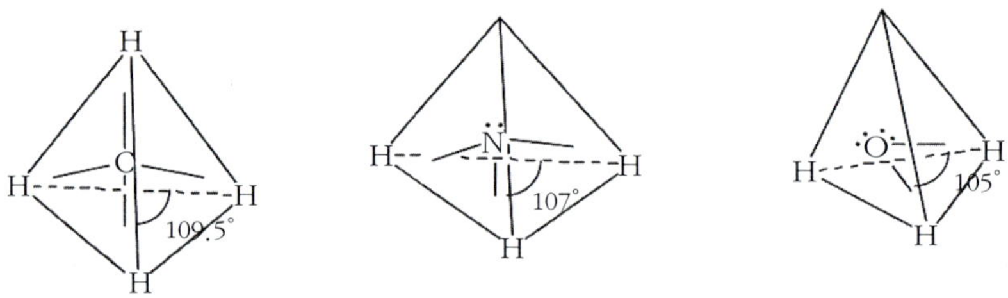

[그림 4-6] CH_4, NH_3, H_2O의 결합각

4.8 혼성궤도(Hybrid Orbital)

원자 내 전자들의 분포와 밀도를 나타내는 원자궤도(함수)(atomic orbital, A.O)는 고유한 형태와 에너지 준위를 가진 s궤도, p궤도, d궤도 등이 있다. 그러나 공유결합 형성시 필요에 따라 고유한 원자궤도들이 섞이는 경우가 있는데, 이를 혼성궤도라고 한다. 실제로 s궤도 1개와 p궤도 1개가 섞인 sp혼성궤도, s궤도 1개와 p궤도 3개가 섞인 sp^3혼성궤도 등 크게 다섯 가지 형태의 혼성궤도가 있다. 혼성되었다는 의미는 원자궤도의 모양과 에너지 준위가 모두 섞였다는(mixed) 것을 나타내며 원래의 고유 원자궤도의 특성이 참여 원자궤도의 개수에 비례하여 반영된다. 즉 sp혼성궤도는 s궤도의 특성(character)이 50%, p궤도의 특성이 50%이다. 그러나 sp^3혼성궤도는 s특성이 25%, p특성이 75%이다.

실제적인 예로서 CH_4 분자생성시 탄소원자가 수소원자와 공유결합을 이루기 위해 제공하는 원자궤도는 sp^3혼성궤도이다. 이를 좀더 상세히 살펴보자.

탄소원자의 바닥상태 전자배치는 $1s^2 2s^2 2p^2$이다. $1s$는 속껍질인 K 껍질이므로 실제로 결합에 참여하는 원자가전자는 $2s^2 2p^2$궤도의 전자들이다. 그러나 $2s$궤도는 이미 짝을 이룬 상태여서 공유결합에 참여할 수 없고 짝짓지 못한(unpaired) 전자는 $2p$궤도의 두 전자뿐이다. 그러나 4개의 수소원자와 공유결합을 형성하기 위해서는 4개의 짝짓지 않은 전자가 탄소원자에 있어야 한다. 결국 탄소원자 내 $2s$의 전자 1개가 비어 있는 $2p$궤도에 들어감과 동시에 1개의 s궤도와 3개의 p궤도가 가지는 에너지 평균치에 해당되는 위치에 sp^3혼성궤도 4개가 만들어진다. 그러므로 CH_4 분자를 형성하는 4개의 공유결합은 탄소에서 제공하는 4개의 sp^3혼성궤도에 4개의 수소원자가 각각 $1s$궤도를 공유함으로써 생성된다.

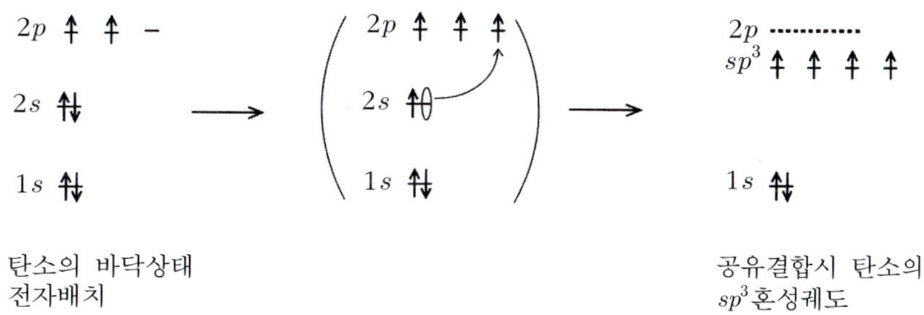

[그림 4-7] CH_4 분자 내 탄소원자의 sp^3혼성궤도

〈표 4-2〉 혼성궤도의 종류

명 칭	특 성	분자모양	예
sp	s 50%, p 50%	선형	BeH_2의 Be
sp^2	s 33%, p 67%	평면삼각형	BH_3의 B
sp^3	s 25%, p 75%	정사면체	CH_4의 C
dsp^3	s 20%, p 60%, d 20%	삼각쌍뿔	PCl_5의 P
d^2sp^3	s 17%, p 50%, d 33%	정팔면체	SF_6의 S

4.9 결합의 세기(Bond Strength)

분자 내 결합들의 세기는 결합을 형성하는 두 원자 사이의 거리와 전자밀도로 판단한다. 이온결합에서는 결합을 형성하는 두 이온간 거리의 제곱에 반비례하여 결합의 강도가 결정되며 공유결합 역시 두 원자간 거리를 나타내는 결합길이(bond length)가 길수록 결합력은 약하다. 특히 이온결합의 형성시 상대 이온 사이에서 핵과 전자 간에는 결합을 촉진하고, 핵과 핵, 전자와 전자 사이에는 결합을 방해하는 경향을 나타낸다. 따라서 이 두 힘이 모두 고려된 퍼텐셜에너지(potential energy)가 가장 낮은 곳에서 두 이온간의 결합길이가 결정된다. 공유결합의 경우 결합의 세기는 공유전자의 밀도에 직접적으로 비례한다.

〈표 4-3〉 몇 가지 결합의 평균 결합길이와 평균 결합에너지

종 류	평균 결합길이(10^{-10}m)	평균 결합에너지(kJ)
H−H	0.74	436
H−F	0.92	567
H−Cl	1.27	431
H−Br	1.41	366
H−I	1.61	299
H−C	1.09	413
C−C	1.54	348
C=C	1.34	614
C≡C	1.20	839
C−O	1.43	358
C=O	1.20	799
C≡O	1.13	1072
N−N	1.45	163
N=N	1.25	418
N≡N	1.10	941
O−O	1.48	146
O=O	1.21	495
O−H	0.96	463

이 전자밀도를 숫자적으로 표현한 것이 결합차수(bond order)이며 수치가 클수록 결합력도 강하다. 흔히 결합차수가 1인 경우를 단일결합(single bond), 2의 경우를 이중결합(double bond), 3의 경우를 삼중결합(triple bond)이라고 한다. 또한 결합차수가 2차 이상인 결합을 다중결합(multiple bond)이라고 부른다. 그러나 결합차수가 항상 정수이어야 하는 것은 아니며 1.5차 또는 2.5차 등도 일반적이다.

결합의 세기를 평가하는 기준으로 결합길이와 결합차수 이외에 결합에너지(bond energy)가 있다. 결합에너지는 결합엔탈피(bond enthalpy)라고도 하며 1 mol의 분자를 원자 상태로 분리하기 위해 분자 내 모든 결합을 깨뜨리는 데 필요한 에너지이다. 즉 결합에너지가 크다는 것은 분자 내 결합이 강함을 의미한다. 일반적으로 결합길이와 결합에너지는 분자들의 진동운동과 공간형태에 따른 차이로 인해 평균값으로 표현된다.

4.10 분자궤도(Molecular Orbital, MO)

분자궤도함수를 줄인 말인 분자궤도는 분자 내 전자들의 분포를 나타낸다. 원자들이 화학적으로 결합하기 전에는 각 원자마다 원자궤도(atomic orbital, AO)에 전자들이 채워져 있었으나 화학결합을 통해 분자를 형성하면 분자를 구성하는 모든 원자들의 전자들은 분자궤도라는 새로운 궤도에 들어가게 된다.

원자궤도는 에너지 준위가 낮은 것부터 $1s$, $2s$, $2p$, $3s$, $3p$ … 등의 전자궤도가 있으나 분자궤도는 에너지 준위가 낮은 쪽부터 σ_{1s}, σ^*_{1s}, σ_{2s}, σ^*_{2s}, π_{2p} … 등과 같이 원자궤도와는 전혀 다른 전자궤도로 구성된다. 그러나 자세히 살펴보면 분자궤도는 크게 σ궤도와 π궤도의 두 종류임을 알 수 있다. 즉 원자궤도의 직접적인 중첩에 의해 형성되는 σ결합과 나란한 배열로 결합하는 π결합으로, 결합방식을 궤도이름으로 사용하되 분자궤도 각각의 구분을 위해 결합에 참여한 원자궤도를 명시하고 있다. 그리고 '*'표시는 '반결합(antibonding)'을 의미하는데, 결합을 하지 않으려는 궤도를 나타내는 표현이다. 원자들간 결합시에는 결합을 이루려는 경향으로 안정해지며 에너지가 낮아지는 결합궤도(bonding orbital)

와 결합형성시 불안정해짐으로써 에너지 준위가 원자궤도보다 높아지는 반결합궤도가 동시에 생성된다. 이 두 상반된 궤도는 서로간 영향력을 상쇄하므로 동일한 개수의 전자가 두 종류 궤도에 모두 들어 있다면 에너지적으로 상쇄되어 그 결합은 형성되지 못한다. 그러므로 결합궤도의 전자 개수와 이에 대응하는 반결합궤도의 전자 개수를 서로 상쇄함으로써 결합의 생성여부와 결합차수를 알 수 있다. 예를 들어 상쇄한 후 남은 전자의 개수가 2일 경우는 단일결합이며 3일 경우에는 결합차수가 1.5이다.

주기율표의 2주기 원소들의 분자궤도를 [그림 4-8]에 나타내었다. 결합을 형성하는 원자들이 가진 전자들의 총 개수가 [그림 4-8]에서처럼 다음의 순서로 분자궤도에 한 궤도마다 전자 한 쌍씩 채워진다.

$$\sigma_{1s}\sigma^*_{1s}\sigma_{2s}\sigma^*_{2s}\sigma_{2p_z}\pi_{2p_{x,y}}\pi^*_{2p_{x,y}}\sigma^*_{2p_z} \longrightarrow$$

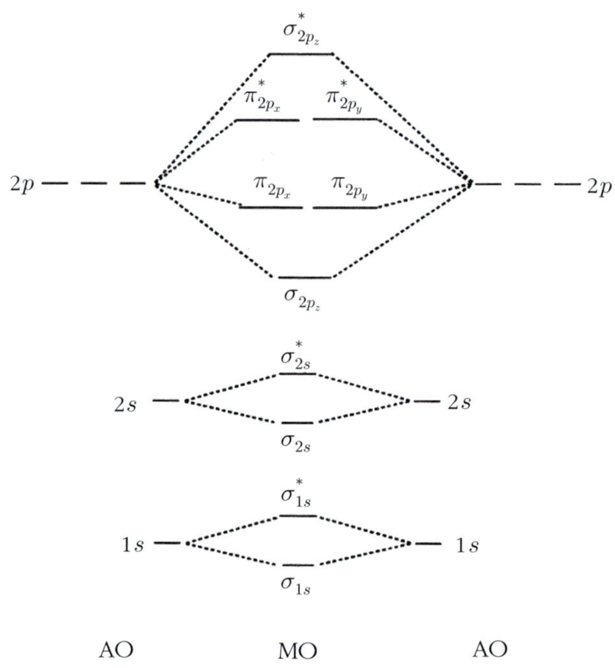

[그림 4-8] 2주기 원소들의 분자궤도 생성

4.11 상자성(Paramagnetic)과 반자성(Diamagnetic)

물질이 늘 자기적인 성질을 가지는 것을 상자성이라 하며 그 성질이 없는 것을 반자성이라 한다. 상자성의 크기는 그 물질을 이루고 있는 분자들의 분자궤도와 관련이 있다. 분자궤도의 전자배치에서 짝을 짓지 못한 전자(unpaired electron)가 있으면 상자성을 띠게 되고 그 개수가 많을수록 상자성도 강하게 나타난다.

예제 4-1

O_2, O_2^+, O_2^-의 결합차수와 상자성 여부를 밝히시오.

풀이 산소원자 1개는 8개의 전자를 가지므로 O_2, O_2^+, O_2^-는 각각 16개의 전자, 15개의 전자, 17개의 전자를 가진다. 그리고 산소원자는 2주기 원소이므로 [그림 4-8]의 분자궤도를 형성한다. 따라서 분자궤도 1개당 2개의 전자를 아래쪽에서부터 채워가면 O_2는 $\pi^*_{2p_y}$궤도에 1개의 전자가 최종적으로 채워진다.(동일한 에너지 준위의 궤도가 두 개 존재할 경우 Hund의 법칙에 의해 전자들은 각 궤도에 한 개씩 먼저 들어가게 된다) 그러므로 O_2 분자는 2개의 짝짓지 못한 전자를 가지므로 상자성이다.

또한 결합차수를 계산하기 위해 상응하는 분자궤도들의 전자 개수를 감안하여 서로 상쇄하면 O_2 분자는 최종적으로 $\sigma^2_{2p_z}$와 $\pi^2_{2p_{x,y}}$만이 남게 된다. 결국 σ결합궤도에 전자 2개, π결합궤도에 전자 2개가 존재하므로 σ결합 1개와 π결합 1개가 있음을 보여준다. 그러므로 결합차수는 2차이다.

마찬가지로 O_2 분자에 비해 전자 1개가 모자라거나 남는, O_2^+와 O_2^-에 대해서도 동일한 방법을 통해 계산할 수 있다.

정답 : O_2 : 상자성, 결합차수는 2
O_2^+ : 상자성, 결합차수는 2.5
O_2^- : 상자성, 결합차수는 1.5

연습문제

1. 물(H_2O)과 벤젠(C_6H_6) 중 어느 것이 비점이 높은가? 그 이유는?

2. 포소화약제로 사용되는 합성계면활성제에는 황산에스터염이 있다. 물에 대한 용해도를 예측하고 그 이유를 설명하시오.

3. 원자가(valence)란 무엇인가?

4. HCl 분자는 공유화합물인가? 이온화합물인가?

5. 착물은 독특한 색깔을 띤다. 그 이유는?

6. 분산력이란 무엇인가?

7. CH_4, NH_3, H_2O 세 분자의 결합각을 비교하고 그 이유를 설명하시오.

8. H_2O 분자 내 두 수소원자 사이의 거리는 1Å보다 큰가? 그 이유는?

9. 소화약제로 사용되는 이산화탄소(CO_2)의 루이스 구조를 그려보시오.

10. 불완전연소로 인해 발생되는 독성기체 CO의 결합차수와 상자성 여부를 밝히시오.

CHAPTER

5 화학반응의 종류와 속도

5.1 화학반응의 형태

화학반응의 종류는 반응형태에 따른 분류가 일반적이며 대표적으로 부가반응, 치환반응, 제거반응, 상호교환반응이 있고 이 외에도 중합반응 등이 있다.

5.1.1 부가반응(addition reaction)

부가반응은 분자 내 이중결합(double bond) 또는 삼중결합(triple bond)을 가지는 분자에 원자 혹은 반응기가 부가되는 반응이다. 주로 불포화탄화수소 분자 내 다중결합(multiple bond)을 이루는 양쪽 원자를 할로겐 원자나 수소원자가 공격하여 부가됨으로써 다중결합을 단일결합으로 바뀌게 한다.

$$H_2C=CH_2 + H_2 \longrightarrow H_3C-CH_3 \tag{5.1}$$

5.1.2 치환반응(substitution reaction)

치환반응은 반응물 분자 내 특정 원자와 외부 원자 사이에 교환이 일어나는 반응이다. 특히 교환되어 들어가는 치환기의 종류에 따라 음전하를 띤 친핵체(nucleophile)에 의한 치환과 양전하를 띤 친전자체(electrophile)에 의한 두 종류의 반응으로 나눌 수 있다.

$$H_3CCH_3 + Cl_2 \longrightarrow ClH_2CCH_2Cl + H_2 \tag{5.2}$$

이것은 더욱 세분되어 중간생성물의 형태와 반응속도(reaction rate)를 결정하는 반응기의 개수에 따라 단분자반응(unimolecular reaction)과 이분자반응(bimolecular reaction)으로 구분된다. 따라서 치환반응은 구체적으로 단분자친핵체 치환반응(Substitution Nucleophilic Unimolecular Reaction, SN_1 Rx.), 이분자 친핵체 치환반응(Substitution Nucleophilic Bimolecular Reaction, SN_2 Rx), 단분자 친전자체 치환반응(Substitution Electrophilic Unimolecular Reaction, SE_1 Rx), 이분자 친전자체 치환반응(Substitution Electrophilic Bimolecular Reaction, SE_2

Rx)으로 네 가지 형태가 있다.

5.1.3 제거반응(elimination reaction)

제거반응은 부가반응의 반대되는 형태이며 분자 내 결합된 원자나 원자단을 제거시킴으로써 상대적으로 높은 결합차수의 결합을 생성시키는 반응이다. 특히 제거반응은 반응물의 구조와 반응조건에 따라 치환반응과 동시에 진행되는 경우가 많으며 단분자 제거반응(Unimolecular Elimination Reaction, E_1 Rx)과 이분자 제거반응(Bimolecular Elimination Reaction, E_2 Rx)의 두 종류가 있다.

$$H_3CCH_2Cl \longrightarrow H_2C{=}CH_2 + HCl \tag{5.3}$$

5.1.4 상호교환반응(metathesis reaction)

상호교환반응은 반응하는 두 분자가 서로 1개의 원자나 치환체를 교환하는 반응형태이다. 산-염기 반응에서 흔히 볼 수 있으며 반응 중간단계로 보면 제거반응과 교환반응이 동시에 진행되는 반응이다.

$$CH_3COOH + Na_2SO_4 \longrightarrow CH_3COONa + NaHSO_4 \tag{5.4}$$

5.1.5 중합반응(polymerization reaction)

중합반응은 고분자물질이 생성되는 대표적 과정으로서 동일한 분자가 서로서로 연결되는 반응형태이다. 이 반응은 부가반응의 특별한 형태이므로 탄화수소 화합물 내 탄소간 다중결합이 깨어져 단일결합으로 바뀌게 된다. 반응 초기의 분자 1개를 단량체(monomer)라 하고 중합반응으로 생성된 거대 분자를 중합체(polymer)라고 한다.

$$n(H_2C{=}CH_2) \longrightarrow \text{+}H_2C-CH_2\text{+}_n \tag{5.5}$$

대부분의 중합반응은 안정한 단량체 분자의 활성화단계인 개시단계(initiation step), 본격적인 부가반응이 지속되는 전파단계(propagation step), 반응 활성점이 서로간 반응함으로써 부가반응이 정지되는 종결단계(termination step)로 진행된다.

5.2 화학반응식(Chemical Equation)

화학반응의 과정을 표현하는 수식이 화학반응식이다. 전체적인 구성으로서 화학반응의 진행 방향을 나타내는 화살표의 왼쪽에는 반응물(reactant)을, 오른쪽에는 생성물(product)을 표기한다. 또한 화학반응에 수반되는 반응열은 생성물 쪽에 나타내되 흡열반응(endothermic reaction)은 양의 값으로, 발열반응(exothermic reaction)은 음의 값으로 그 크기를 표기한다.

$$\text{반응물} \longrightarrow \text{생성물} + \text{반응열}(\Delta H) \tag{5.6}$$

$$H_2(g) + \frac{1}{2}O_2(g) \longrightarrow H_2O(\ell) - 286\ \text{kJ} \tag{5.7}$$

5.2.1 화학반응식의 균형 맞추기

질량보존의 법칙(the law of conservation of mass)에 따라 화학반응의 전후 질량은 같아야 한다. 이것은 반응형태와 무관하며 반응물을 구성하는 원자들의 종류와 개수가 생성물 속에 반드시 유지되어야 함을 의미한다. 따라서 화학반응식을 구성할 때 분자들의 종류와 개수가 구체화되어야 한다.

$$N_2 + H_2 \longrightarrow NH_3 \tag{5.8}$$

$$N_2 + 3\,H_2 \longrightarrow 2\,NH_3 \tag{5.9}$$

식 (5.8)은 균형이 맞지 않는 식이며 완성되지 못한 화학반응식이다. 그러나 반응물을 이루는 원자들의 종류와 개수를 생성물과 일치시킨 식 (5.9)는 균형을 맞춘 완전한 화학반응식이다.

화학반응식의 균형 맞추기는 먼저 반응물에 있는 일부 분자 내 원자들의 종류와 개수를 생성물에 적용한 후 이를 반응물의 남은 분자와 일치시키는 방법이 일반적이다.

예제 5-1

가연성 기체인 부테인(C_4H_{10}) 가스의 공기 중 연소반응을 화학반응식으로 표현하시오.

풀이 ① 먼저 반응물 분자와 생성물 분자를 표현한다.

$$C_4H_{10}(g) + O_2(g) \longrightarrow CO_2(g) + H_2O(g)$$

② 부테인 성분 중 탄소와 수소의 개수를 차례로 생성물에 적용한다.

$$C_4H_{10}(g) + O_2(g) \longrightarrow 4\,CO_2(g) + 5\,H_2O(g)$$

③ 생성물 분자 내 산소원자의 개수를 반응물에 적용한다.

$$C_4H_{10}(g) + \frac{13}{2}O_2(g) \longrightarrow 4\,CO_2(g) + 5\,H_2O(g)$$

④ 계수가 정수되게 전체식을 조정한다.

$$2\,C_4H_{10}(g) + 13\,O_2(g) \longrightarrow 8\,CO_2(g) + 10\,H_2O(g)$$

정답 : $2\,C_4H_{10}(g) + 13\,O_2(g) \longrightarrow 8\,CO_2(g) + 10\,H_2O(g)$

5.2.2 이온반응식의 균형 맞추기

화학반응식에서 반응물과 생성물 중 이온이 수용액 속에 존재하는 경우 이를 산화환원반응식 또는 이온반응식이라고 한다. 이온반응식의 균형 맞추기는 일반적인 화학반응식의 경우에 비해 복잡하여 다음과 같은 단계별 과정이 필요하다.

〈산성 수용액의 경우〉

1. 반쪽반응(half reaction)을 구성한다.
2. 각 반응에서 주된 원자의 균형을 맞춘다.
3. 물 분자를 이용하여 산소원자의 균형을 맞춘다.
4. 수소이온(H^+)을 이용하여 수소원자의 균형을 맞춘다.
5. 전자(e^-)를 이용하여 전하 균형을 맞춘다.
6. 반응물과 생성물의 전자 개수를 맞춘다.
7. 반쪽반응을 합하고 상쇄시킬 부분을 정리한다.

$$Cu(s) + NO_3^-(aq) \longrightarrow Cu^{2+}(aq) + NO_2(g) \tag{5.10}$$

식 (5.10)을 통해 실제로 이온반응식을 단계별로 완성해 보자.

1) 반쪽반응의 구성

$Cu(s) \longrightarrow Cu^{2+}(aq)$

$NO_3^-(aq) \longrightarrow NO_2(g)$

2) 주된 원자의 개수 맞추기(Cu와 N이 대상)

$Cu(s) \longrightarrow Cu_2^+(aq)$

$NO_3^-(aq) \longrightarrow NO_2(g)$

3. 산소원자 개수 맞추기(수용액이므로 H_2O는 풍부함)

$Cu(s) \longrightarrow Cu^{2+}(aq)$

$NO_3^-(aq) \longrightarrow NO_2(g) + H_2O$

4) 수소원자 개수 맞추기(산성용액이므로 H^+는 풍부함)

$Cu(s) \longrightarrow Cu^{2+}(aq)$

$NO_3^-(aq) + 2\,H^+(aq) \longrightarrow NO_2(g) + H_2O$

5) 전하 균형 맞추기(전자는 전하가 −1이다)

$Cu(s) \longrightarrow Cu^{2+}(aq) + 2\,e^-$

$NO_3^-(aq) + 2\,H^+(aq) + e^- \longrightarrow NO_2(g) + H_2O$

6) 전자 개수 맞추기(1과 2의 최소공배수는 2)

$Cu(s) \longrightarrow Cu^{2+}(aq) + 2\,e^-$

$2\,NO_3^-(aq) + 4\,H^+(aq) + 2\,e^- \longrightarrow 2\,NO_2(g) + 2\,H_2O$

7) 식을 합한 후 정리

$Cu(s) + 2\,NO_3^-(aq) + 4\,H^+ \longrightarrow Cu^{2+}(aq) + 2\,NO_2^-(g) + 2\,H_2O$

〈염기성 수용액의 경우〉

염기성 수용액의 경우에는 이온반응식의 완성이 산성에 비해 한 단계가 더 필요하다. 즉 산성의 경우와 동일하게 진행하되 H^+이온으로 수소원자의 개수를 맞춘 뒤 OH^-이온으로 수소이온을 모두 중화하는 과정이 더 들어간다.

예제 5-2

염기성 수용액에서 진행되는 다음 이온반응식을 완성하시오.

$$NO_2^-(aq) + Al(s) \longrightarrow NH_3(aq) + Al(OH)_4^-(aq)$$

풀이 1) 반쪽반응의 구성

$$NO_2^-(aq) \longrightarrow NH_3(aq)$$
$$Al(s) \longrightarrow Al(OH)_4^-(aq)$$

2) 주된 원자 개수 맞추기(N과 Al이 대상)

$$NO_2^-(aq) \longrightarrow NH_3(aq)$$
$$Al(s) \longrightarrow Al(OH)_4^-(aq)$$

3) 산소원자 개수 맞추기

$$NO_2^-(aq) \longrightarrow NH_3(aq) + 2\,H_2O$$
$$Al(s) + 4\,H_2O \longrightarrow Al(OH)_4^-(aq)$$

4) 수소원자 개수 맞추기

$$NO_2^-(aq) + 7\,H^+(aq) \longrightarrow NH_3(aq) + 2\,H_2O$$
$$Al(s) + 4\,H_2O \longrightarrow Al(OH)_4^-(aq) + 4\,H^+(aq)$$

5) 수소이온(H^+) 중화(염기성 수용액의 풍부한 OH^-를 이용하여)

$$NO_2^-(aq) + 7\,H_2O \longrightarrow NH_3(aq) + 2\,H_2O + 7\,OH^-$$
$$Al(s) + 4\,H_2O + 4\,OH^-(aq) \longrightarrow Al(OH)_4^-(aq) + 4\,H_2O$$

6) 전하 균형 맞추기

$$NO_2^-(aq) + 5\,H_2O + 6\,e^- \longrightarrow NH_3(aq) + 7\,OH^-$$
$$Al(s) + 4\,OH^-(aq) \longrightarrow Al(OH)_4^-(aq) + 3\,e^-$$

7) 전자 개수 맞추기(3과 6의 최소공배수는 6이다)

$$NO_2^-(aq) + 5\,H_2O + 6\,e^- \longrightarrow NH_3(aq) + 7\,OH^-$$
$$2\,Al(s) + 8\,OH^-(aq) \longrightarrow 2\,Al(OH)_4^-(aq) + 6\,e^-$$

8) 식을 합한 후 정리

$$NO_2^-(aq) + 2\,Al(s) + 5\,H_2O + OH^-(aq) \longrightarrow NH_3(aq) + 2\,Al(OH)_4^-(aq)$$

정답 : $NO_2^-(aq) + 2\,Al(s) + 5\,H_2O + OH^-(aq) \longrightarrow NH_3(aq) + 2\,Al(OH)_4^-(aq)$

5.2.3 한계반응물과 수득률

화학반응에서 반응물의 종류가 2개 이상이라면 그 물질량이 정량비만큼 항상 반응에 참여하는 것은 아니다. 이 경우 생성물의 양은 반응물 중 양이 많은 반응물에 의존하지 않고 양이 부족한 반응물에 의해 결정된다. 즉 생성물의 양을 제한하는 역할의 반응물을 한계반응물(limiting reactant)이라고 한다. 마치 햄버거를 만들 때 빵은 10조각이 있으나 고깃덩어리가 3개뿐이라면 완성된 햄버거는 3개밖에 만들 수 없다. 따라서 이 경우 고깃덩어리가 한계반응물이 된다.

수득률(yield)은 반응물 양에 따라 생성되어야 할 이론적 생성물 양에 대한 실제 생성치의 비율을 가리킨다. 특히 산업현장에서는 백분율로 표현되는 수득률(% yield)이 많이 사용된다.

예제 5-3

56 g의 질소기체와 18 g의 수소기체가 반응하여 52 g의 암모니아(NH_3)가 생성되었다. 한계반응물은 무엇이며 백분율 수득률은 얼마인가?

풀이 식 (5.9)에 의해 화학반응식은 다음과 같다.

$$N_2(g) + 3\,H_2(g) \rightarrow 2\,NH_3(g)$$

질소기체(N_2)와 수소기체(H_2)의 몰질량(molar mass)은 각각 28 g과 2 g이므로 56 g의 질소기체는 2 mol, 18 g의 수소기체는 9 mol이다. 그러나 화학반응식에서 질소기체와 수소기체의 반응몰 비가 1 : 3이므로 2 mol의 질소기체에 필요한 수소기체는 6 mol뿐이다. 그러므로 반응물 중 반응에 필요한 물질량에서 질소기체가 작은 쪽이므로 한계반응물이 된다. 그리고 2 mol의 질소기체와 6 mol의 수소기체를 통해 얻을 수 있는 암모니아의 이론적 생성량은 4 mol이므로 68 g이다.

$$\text{백분율 수득률}(\%\ yield) = \frac{52\text{g}}{68\text{g}} \times 100(\%) = 76.5\%$$

정답 : 질소기체, 76.5%

5.3 화학반응의 속도

화학반응의 속도는 반응의 종류에 따라 차이가 크다. 연소반응은 가연물의 종류에 따라 진행 속도의 차이가 있으나 대체로 빠르게 진행되는 산화반응이지만 동일한 산화반응이라도 철의 부식은 매우 느리다.

화학반응의 속도는 시간의 흐름에 대한 농도변화로 표현된다. 즉 단위 시간당 반응물 농도의 감소량 또는 생성물 농도의 증가량으로 나타난다.

$$\text{반응속도(Rx. rate)} = -\frac{d[\text{반응물}]}{dt} = \frac{d[\text{생성물}]}{dt} \tag{5.11}$$

여기서 [ ]는 농도를 의미하며 d[ ]/dt는 시간의 변화에 대한 농도변화를 나타낸다. 화학반응의 속도는 반응 초기 반응물의 농도가 클수록 빨라진다.

$$\text{반응속도(Rx.rate)} = k[\text{반응물}]^n \tag{5.12}$$

식 (5.12)를 속도법칙(rate law)이라 하며 비례상수 k는 속도상수(rate constant)라고 한다. 그리고 반응물 농도의 지수를 표현하는 n은 반응차수(reaction order)라고 하는데 화학반응의 속도가 반응물 농도에 얼마나 민감하게 의존되어 있는지를 나타낸다. 반응차수가 클수록 반응물 농도변화에 대한 반응속도의 변화는

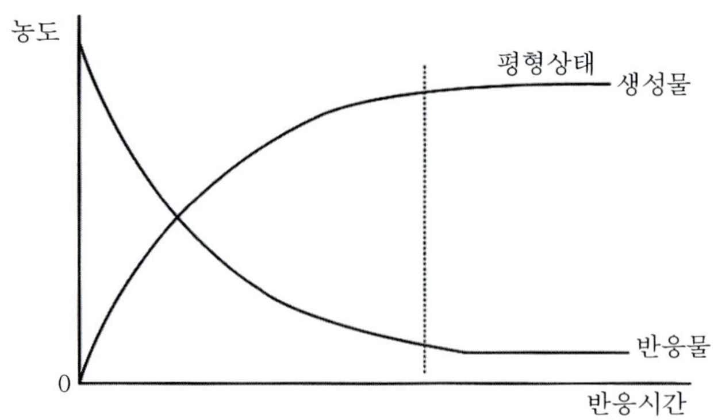

[그림 5-1] 반응시간에 따른 농도변화

더욱 커진다. 동일한 농도와 반응차수의 경우 속도상수 k가 클수록 화학반응도 빨라진다. 반응물과 생성물의 농도는 반응시간이 경과함에 따라 상반되는 경향을 나타낸다.

화학반응은 일반적으로 반응 초기에 반응물과 생성물의 농도변화가 심하지만 시간이 경과할수록 농도변화는 작아지며 최종적으로는 시간에 따른 농도변화가 없는 상태에 이른다. 이런 최종적인 상태를 화학적 평형상태(chemical equilibrium)라고 한다.

화학반응의 속도는 일반적으로 일정기간의 농도변화를 의미하는 평균속도(average rate)로 표현하지만 특정 순간에서의 속도를 나타낼 때도 있다. 특정 순간에서의 반응속도를 순간속도(instaneous rate)라고 하며 특정 시점에서 농도곡선이 나타내는 접선의 기울기로 나타낸다. 반응물의 초기농도가 반응 경과에 따라 반으로 줄어들 때까지 걸린 시간을 반감기(half life, $t_{0.5}$)라고 하며 짧을수록 반응속도가 크다는 것을 의미한다. 반감기는 반응차수에 따라 속도상수와의 관계가 달라지며 1차 반응의 경우는 다음과 같다.

$$t_{0.5} = -\frac{\ln 0.5}{k} = \frac{\ln 2}{k} \tag{5.13}$$

5.4 촉매작용(Catalysis)

화학반응에 참여하여 생성물 속에는 포함되지 않으나 반응을 용이하게 함으로써 반응속도를 증가시키는 물질이 촉매(catalyst)이다. 촉매작용은 반응에 수반된 활성화에너지(activation energy, E_a)를 감소시키는 것이다.

활성화에너지는 반응물이 생성물로 전환되기 위해서 반드시 거쳐야 하는 중간단계의 에너지 준위와 반응물의 에너지 준위 사이의 에너지 차이이다. 따라서 활성화에너지는 반응물이 생성물로 전환되기 위해 반드시 거쳐야 할 에너지장벽(energy barrier)이다.

촉매는 이 에너지 장벽을 낮추어 주는 역할을 함으로써 화학반응을 용이하게 하고 결과적으로는 반응 속도를 증가시키게 된다.

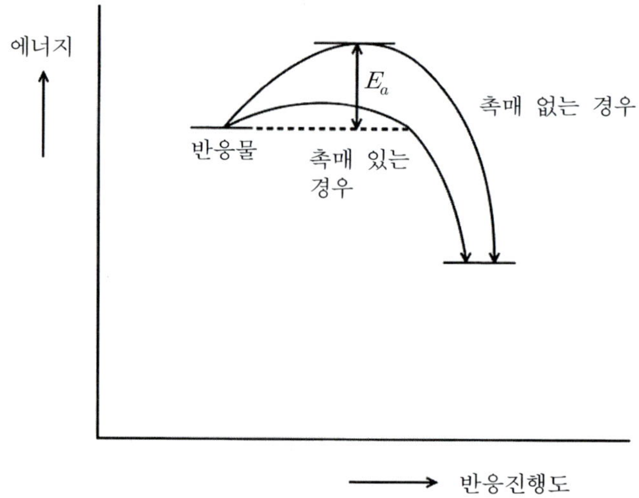

[그림 5-2] **화학반응의 진행과 활성화에너지**

5.5 아레니우스 식(Arrhenius Equation)

속도상수 k에 대한 결정 인자들을 수식으로 구성한 것이 아레니우스 식(Arrhenius equation)이다.

$$\text{Arrhenius식}: k = A \cdot e^{-E_a/R \cdot T} \tag{5.14}$$

여기서 A는 빈도인자(frequency factor)로서 반응물들의 충돌 가능성을 나타내는 항이며 R은 기체상수이다. 식에서 k가 큰 값을 가질 조건은 A와 T가 크고 E_a는 작아야 한다. 빈도인자가 커지려면 반응물들이 서로간 자주 만나야 하므로 실제로는 반응물의 농도와 온도를 높여주거나 저어주는 방법이 있다. 또한 활성화에너지를 감소시키기 위한 방법은 촉매를 넣어주는 것이다. 그러므로 고전속도이론이라고 불리는 아레니우스 식은 화학반응의 속도를 증가시키기 위해 반응물의 농도와 온도를 높여주고, 저어주며 촉매를 넣어야 함을 보여준다. 아레니우스 식을 대수(logarithm)화하면 화학반응속도를 나타내는 1차식을 얻을 수 있다.

$$\ln k = -E_a / R \cdot T + \ln A \quad (5.15)$$

이 식은 ln k와 1/T에 대해 1차 직선식이다. 따라서 서로 다른 두 반응온도에서의 속도상수(k) 값을 알면 식 (5.15)를 통해 활성화에너지를 계산할 수 있다.

5.6 반응기구(Reaction Mechanism)

화학반응의 진행 경로와 중간생성물의 형태를 반응메커니즘, 즉 반응기구라고 한다. 흔히 "반응기구를 밝힌다"는 표현은 반응경로(reaction pathway)와 여기에 수반된 중간생성물(reaction intermediate)의 형태를 제시하는 것을 말한다.

반응기구의 구성은 반응물과 생성물 사이에 숨겨진 중간 경로를 존재 가능한 형태의 분자구조와 함께 표현하는 것이다. 특히 에너지적으로 안정한 상태인 반응물이나 생성물과는 달리 반응 중간생성체는 에너지적으로 매우 높고 불안정하여 실체의 확인이 분광학적 분석으로 매우 어렵다. 이 중간생성체의 존재를 의미하는 것이 전이상태(transition state)이다. 1개의 반응에서도 반응경로에 여러 개의 전이상태와 중간생성체가 있을 수 있다.

활성화에너지는 이 높은 에너지 준위의 전이상태와 반응물의 에너지 준위 사이의 에너지 차이이다.

반응물에서 생성물로 진행하는 데 있어서 반응 중간생성물이 1개뿐이거나 아니면 여러 개가 존재할 수 있다. 반응의 진행 경로에서 숨겨진 작은 단계를 각각 단일단계(elementary step)라고 한다. 이 단일단계들 중에는 반응의 속도를 결정하는 데 가장 큰 원인을 제공한 단계가 있다. 이 단일단계를 속도결정단계(rate determining step, rds)라고 한다. 반응의 경로가 단 1개뿐인 연속반응(consecutive reaction)에서는 가장 느린 단일단계가 속도결정단계이다. 그러나 반응물에서 생성물로 진행하는 반응경로가 2개 이상인 평행반응(parallel reaction)에서는 가장 빠른 경로가 속도결정단계이다.

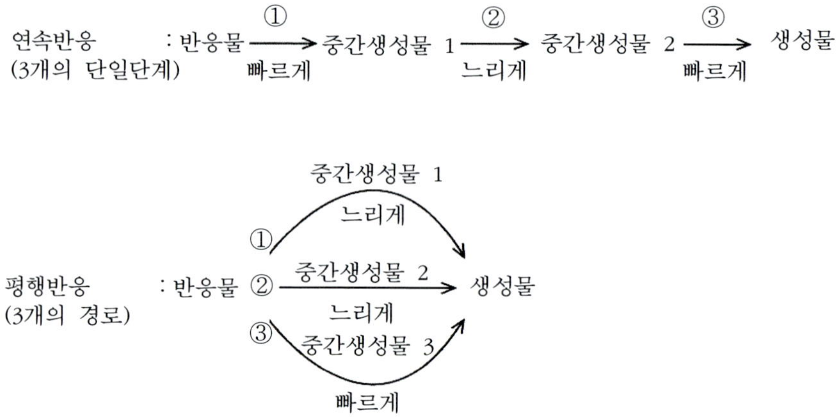

[그림 5-3] 연속반응과 평행반응

[그림 5-3]에서 연속반응의 경우 단일단계 ①과 ③은 빠르고 ②는 느리므로 전체반응에 필요한 시간은 단일단계 ②가 결정하게 된다. 따라서 단일단계 ②가 속도결정단계이다. 그러나 평행반응의 경우 경로 ①과 ②는 느리고 ③은 빠르다. 평행반응은 반응이 동시에 여러 경로를 통해 생성물로 진행되므로 가장 빠른 경로를 통해 반응이 종결된다. 따라서 평행반응에서는 경로 ③이 속도결정단계이다.

5.7 화학평형(Chemical Equilibrium)

화학평형은 화학반응에서 시간의 변화에 따른 농도변화가 없는 상태를 가리킨다.([그림 5-1] 참조) 즉 시간이 아무리 경과하여도 반응물의 농도가 더 이상 감소하지 않고 생성물 농도 역시 더 이상 증가하지 않는 상태이다. 그러나 화학평형은 동적인 평형(dynamic equilibrium)이다. 겉보기에는 농도변화가 없지만 화학반응이 내부적으로는 반응물이 지속적으로 생성물로 전환되고 있으며 생성물 또한 반응물로 다시 되돌아가는 현상이 동일한 속도로 진행되고 있음을 의미한다.

$$\text{반응물} \underset{k_r}{\overset{k_f}{\rightleftharpoons}} \text{생성물} \tag{5.16}$$

결국 반응물이 생성물로 바뀌는 정반응(forward reaction)의 속도상수(k_f)와 생성물이 반응물로 전환되는 역반응의 속도상수(k_r)가 같은 상태가 화학평형이다.

화학반응의 현재 상태가 평형상태에서 벗어난 정도와 평형에 이르기 위한 반응속도를 표현한 항이 평형상수(equlibrium constant, K)이다. 즉 평형상수가 클수록 역반응속도보다 정반응속도가 크다.

$$K(\text{평형상수}) = \frac{k_f}{k_r} \tag{5.17}$$

평형상수는 일반적으로 다음과 같이 구성된다.

$$aA + bB \rightleftharpoons cC + dD$$

$$K_c = \frac{[C]^c[D]^d}{[A]^a[B]^b} \tag{5.18}$$

$$K_p = \frac{P_C^c \cdot P_D^d}{P_A^a \cdot P_B^b} \tag{5.19}$$

여기서 [ ]는 농도를 의미하며 P는 압력을 나타낸다. 농도로 표현되는 평형상수와 압력으로 표현되는 평형상수는 K 대신 K_c와 K_p로 표기하기도 한다.

화학평형의 형태에는 균일평형(homogeneous equilibrium)과 불균일평형(heterogeneous equilibrium)이 있다. 화학반응이 평형상태에 있을 때 반응물과 생성물의 상(phase)이 동일하면 균일평형이고 다르면 불균일평형이다.

$$\text{균일평형 : } N_2(g) + 3H_2(g) \rightleftharpoons 2NH_3(g) \tag{5.20}$$

$$\text{불균일평형 : } CaCO_3(s) \rightleftharpoons CaO(s) + CO_2(g) \tag{5.21}$$

5.8 르샤뜨리에 원리(Le Chatelier Principle)

르샤뜨리에 원리는 화학적 평형상태에 있는 계의 특성을 설명하는 것이며 아래와 같이 정의한다.

"평형상태에 있는 계에 외부로부터 자극이 주어지면 평형상태는 깨어지고 자극을 감소시키는 방향으로 반응은 진행된다."

외부로부터 주어지는 자극의 종류는 농도, 온도, 부피 또는 압력의 변화 등이 있다. 구체적으로 '반응물 농도의 증가'라는 자극이 주어지면 그 계는 평형상태가 깨어지고 반응물 농도를 감소시키기 위해 정반응속도가 역반응속도보다 증가하게 된다. 이 원리를 온도에 적용하면 발열반응인 평형계를 가열할 경우 역반응속도가 정반응속도보다 증가하게 된다. 그리고 반응물에 비해 생성물의 부피가 더 큰 평형계는 압축시 역반응의 속도가 정반응에 비해 커지게 된다.

5.9 공통이온효과(Common Ion Effect)

약전해질(weak electrolyte) 용액에 공통된 이온을 가진 강전해질(strong electrolyte)을 첨가하면 약전해질의 용해도(solubility)가 감소하는 현상이 공통이온효과이다. 예로서 아세트산(CH_3COOH)은 물속에서 100% 해리(dissociation)되지 않는 약전해질이다. 아세트산이 녹아 있는 수용액에 강전해질인 아세트산나트륨을 첨가하면 아세트산의 용해도가 감소하게 된다.

공통이온효과는 르샤뜨리에 원리가 적용되는 현상이다. 처음에는 아세트산 한 종류만 물에 녹아 평형상태에 도달되어 있었으나 강전해질이 첨가됨으로써 아세트산 이온(CH_3COO^-)이라는 생성물 농도의 증가라는 자극이 주어진 것이다. 그러므로 르샤뜨리에 원리에 의해 생성물 농도를 감소시키는 방향인 역반응의 반응속도가 정반응에 비해 증가하게 된다.

$$CH_3COOH(\text{약전해질}) \rightleftharpoons CH_3COO^-(aq) + H^+(aq) \qquad (5.22)$$

$$CH_3COONa(\text{강전해질}) \rightleftharpoons CH_3COO^-(aq) + Na^+(aq) \qquad (5.23)$$

5.10 완충용액(Buffer Solution)

르샤뜨리에 원리를 이용한 특별한 용도의 용액이 완충용액이다. 완충용액은 소량의 산(acid)이나 염(base)을 첨가하여도 용액의 산성도가 변하지 않는 용액이다.

완충용액은 약산(weak acid)과 짝염(conjugated salt) 또는 약염기(weak base)와 짝염으로 제조할 수 있다.

완충용액은 중성 근방의 용액만이 있는 것이 아니라 다양한 pH 영역에서 그 기능이 유지되는 용액이 존재한다. 실제로 완충용액에 산(H^+)과 염기(OH^-)가 첨가되면 용액 내 OH^-이온 또는 H^+이온의 농도변화가 수반되나 르샤뜨리에 원리에 의해 농도변화를 감소시키는 방향으로 반응이 다시 진행되므로 전체적인 산성도는 일정하게 유지될 수 있다.

연습문제

1. SN_2 반응에 대해 서술하시오.

2. 중합반응의 진행단계는?

3. 다음 화학반응식을 완성하시오.

a) $C_8H_{18} + O_2 \longrightarrow CO_2 + H_2O$

b) $Sn^{2+}(aq) + Hg^{2+}(aq) + Cl^-(aq) \longrightarrow Sn^{4+}(aq) + Hg_2Cl_2(s)$ (산성수용액)

c) $Pb(OH)_3^-(aq) + OCl^-(aq) \longrightarrow PbO_2(s) + Cl^-(aq)$ (염기성수용액)

4. 44 g의 CO_2와 9 g의 H_2O를 반응시켜 H_2CO_3 25 g을 얻었다. 한계반응물과 % 수득률은?

5. 속도상수가 0.0347 sec^{-1}인 1차반응의 반감기는?

6. Arrhenius 식을 통해 속도상수가 증가하는 실체적인 조건을 네 가지 이상 나열하시오.

7. 화학평형을 세 가지로 표현하면?

8. 평형상태에 있는 소금물 수용액을 냉각하니까 정반응과 역반응 중 어느 쪽의 속도가 증가하는가?

$$NaCl(s) \rightleftharpoons Na^{+}(aq) + Cl^{-}(aq)$$

9. 물에 잘 녹지 않는 수산화칼슘($Ca(OH)_2$)이 물속에 들어 있다. 이 속에 묽은 염산을 조금 첨가하면 수산화칼슘의 용해도가 증가한다. 그 이유는?

10. 완충용액은 소량의 산이나 염기를 첨가하면 항상 중성(pH = 7)을 유지하는가?

CHAPTER

6 연소와 소화

6.1 연소반응(Combustion)

연소반응은 공기 중 산소기체가 가연물(combustible)과 반응하는 빠른 산화반응(oxidation)이다. 즉 열과 빛을 동반한 빠른 산화반응이 연소현상이다. 연소반응에 의한 발열과정(exothermic process)은 인간의 삶에 유용하게 이용되지만 때로는 원하지 않게 인명과 재산상의 피해를 끼치기도 한다.

폭발은 극단적으로 빠르게 진행되는 연소반응이며 그 전파속도가 음속보다 큰 폭굉(detonation)과 음속보다 작은 폭연(deflagration)으로 구분한다. 대부분의 연소반응은 화염(flame)을 동반한 열염(hot flame) 산화반응이며 연소과정을 통해 활성기를 생성하는 연쇄반응(chain reaction)이다.

연소반응의 속도는 가연물이 연소되는 속도이므로 질량연소속도(mass burning rate)를 가리킨다. 그러나 실제로는 측정상의 어려움으로 인해 가연물의 질량감소속도(mass loss rate)로 연소속도를 평가한다. 연소반응의 속도에 영향을 주는 요소는 가연물의 농도, 온도, 압력 등이 있으며 가연물의 표면상태도 영향을 끼친다.

가연물의 종류에 따라 연소의 종류를 구분하면 기체 가연물은 균일연소(homogeneous combustion), 액체와 고체 가연물에 의한 연소는 불균일연소(heterogeneous combustion)라 할 수 있다. 대부분의 가연물은 초기 상태와 무관하게 연소 초기 열분해(pyrolysis)에 의한 기체화 과정을 거쳐 연소가 진행된다.

또한 연소반응은 화염 플럼(plume)의 형태에 영향을 주는 화염 부근 기체 흐름의 종류에 따라 층류연소(laminar combustion)와 난류연소(turbulent combustion)로 구분한다. 난류연소가 열염반응의 일반적 형태이며 층류연소에 비해 화염대의 두께와 화염전파속도가 크다.

6.2 연소의 요소

연소반응을 가능하게 하는 필수적 요소를 연소의 요소라고 한다. 일반적으로는 가연물(combustible), 산소(oxygen), 점화원(heat energy source), 연쇄반응(chain reaction)의 네 가지를 가리킨다.

6.2.1 가연물(combustible)

연소가 가능한 물질이 가연물이다. 이것은 산소와 화학반응을 일으킬 수 있는 물질들 중 발열반응을 나타내는 것을 말한다. 기체상 가연물은 연소시 일반적으로 화염을 동반(유염연소, flame combustion)하며 화염의 모양과 위치가 연소반응 중 일정한 경우를 정상연소(normal combustion)라고 한다. 이것은 연소반응을 통해 발열속도와 연소확산속도가 균형을 이루기 때문이다. 그러나 폭발(explosion)은 비정상연소(abnormal combustion)의 대표적 예이다. 액체 가연물의 연소는 증발과정과 연소과정이 연속적으로 진행되는 복잡한 반응기구를 가지는 점이 특징적이다. 따라서 액체 가연물의 연소속도는 액체 표면적에 비례한다.

고체 가연물의 연소는 크게 분해연소(decomposition combustion)와 표면연소(surface combustion)의 두 가지 형태가 있다. 분해연소는 열분해(pyrolysis)로 인해 발생한 가연성 기체의 연소반응을 말하며 일부 증발연소를 포함하고 있다. 분해연소는 고온의 열에 의해 고체가 분해하여 발생하는 가연성 기체가 연소하는 형태이며 대표적인 열분해 고체성분은 목재와 플라스틱을 들 수 있다. 그러나 표면연소는 휘발성 성분과 열분해 가스가 유출되고 남은 고형분 중 탄소성분에 의해 표면만으로 진행되는 연소를 말한다. 화염이 발생하지 않으므로 무염연소라고 하며 열분해과정을 거치지 않고 산소기체와 연소반응을 진행하므로 직접연소(direct combustion)라고도 한다. 일반적인 고체 가연물의 연소에 대한 표면연소의 차이점은 산소공급이 가능하거나 원활한 상태의 표면에서 진행되는 연소라는 점이다. 석탄은 약한 점화원에 의해 발화가 쉽지 않지만 숯이나 코크스는 용이하다. 숯과 코크스의 연소반응이 대표적인 표면연소이다.

6.2.2 산소(oxygen)

연소반응을 진행하기 위해서는 산소가 반드시 필요하다. 산소가 관여하지 않는 발열과정은 여러 형태가 있을 수 있으나 이를 연소반응이라고 말하지는 않는다.

연소반응에 필요한 가장 대표적 산소 공급원은 공기이다. 공기 중에는 부피 기준 21%, 무게 기준 23%의 산소성분이 있다. 그러나 연소반응에 필요한 산소가 전적으로 공기로부터 얻어지는 것은 아니다. 특별한 물질들은 분자 내 산소가 있어서 외부 공기의 유입 없이 자체적으로 연소반응이 진행될 수 있다. 위험물질의 분류에서 제5류는 자기반응성 고체이며(〈표 1-3〉 참조) 분자 자체에 산소를 가진 물질들이다. 이 물질들은 외부의 산소 공급 없이 자체적으로 연소반응을 진행시킬 수 있다. 또한 분자 자체에 포함된 산소성분을 이용하여 다른 물질의 산화반응과 연소반응을 일으키는 물질을 산화제(oxidizing agent, oxidant)라고 한다. 산소와 가연성 기체의 상대적 농도는 연소속도와 폭발여부를 결정하는 가장 큰 요소로 작용한다.

6.2.3 점화원(heat energy source)

연소가 처음 시작되기 위해서는 일정 크기의 열에너지가 필요하며 이를 점화원이라고 한다. 점화원은 연소반응을 위한 최소 발화에너지로서 그 크기는 가연물의 종류와 상태에 따라 다르다.

점화원의 종류는 크게 화학열(chemical heat), 기계열(mechanical heat), 전기열(electrical heat)의 세 가지 형태가 있다. 화학열은 연소열과 같이 산화반응에 동반된 에너지가 대표적이며 용해열과 분해열 등의 종류가 있다. 기계열은 기체의 단열압축시 발생되는 압축열(compression heat)과 고체간 마찰에 의해 발생되는 마찰열(friction heat)이 대표적이다. 전기열은 도선에 흐르는 전류가 발생시키는 저항열(resistance heat)이 대표적이지만 유도자장에 의해 생성된 유도열(induction heat)과 절연물질의 절연능 감소로 인한 유전열(dielectric heat) 등이 있다.

연소반응에서 점화원의 역할은 반응에 필요한 활성화에너지(activation energy)를 제공하는 것이다. 연소반응도 산화반응이라는 화학반응의 한 형태이므로 반응물이 생성물로 전환되기 위해서는 반드시 전이상태인 활성화된 복합체(activated complex)를 거쳐야 한다. 반응물과 전이상태의 에너지 준위 차이가 활성화에너지이므로 연소반응에 필요한 점화원의 크기는 이 활성화에너지 크기 이상의 것이어야 한다.

점화원의 특별한 형태로서 자연적인 발열(spontaneous heating)이 있다. 자발적 발열은 외부로부터 열에너지를 받지 않고 자체 반응열의 내부 축적을 통해 발화에 필요한 에너지를 얻는 것을 말한다. 이때의 반응열은 대부분 공기 중 산소 또는 수분과의 산화반응에서 발생되는 열량이다. 이 경우 발생 열량의 크기뿐만 아니라 열전달 속도가 작고 공기의 흐름이 원활치 못하여 열 축적이 용이할수록 자연발화의 가능성은 높아진다.

6.2.4 연쇄반응(chain reaction)

연소반응은 최초 발화 이후 자발적 반응이 지속된다. 연소반응이 외부에너지의 유입이 없어도 자발적으로 진행되는 것은 연쇄반응 때문이다. 연쇄반응은 반응의 진행 과정에서 발생된 매우 높은 에너지 상태의 활성화된 중간생성물을 생성물로 전환시키며 이와 동시에 또 다른 활성화된 중간생성물을 생성시키는 과정이다. 연쇄반응은 중합반응과 유사하게 연쇄개시(chain initiation), 연쇄전파(chain propagation), 연쇄종결(chain termination)의 세 단계로 진행된다.

$$\text{연쇄개시} \quad A_2 + B_2 \longrightarrow A^* + A^* + B_2 \tag{6.1}$$

$$\text{연쇄전파} \quad A^* + B \longrightarrow C, \qquad A^* + B \longrightarrow B^* \tag{6.2}$$

$$\text{연쇄종결} \quad A^* + B^* \longrightarrow C \tag{6.3}$$

(* : 활성화된 중간생성물, C : 생성물)

일반적인 화염연소반응에서 활성화된 중간생성물은 수소라디칼(· H)과 수산화라디칼(· OH)이 대표적이며 알킬라디칼(· R)도 활성기로 작용한다.

6.3 연소의 형태

연소반응의 자연적인 형태는 확산연소(diffusion combustion), 증발연소(evaporative combustion), 분해연소(decomposition combustion), 표면연소(surface combustion), 훈소(smoldering combustion) 등이 있으며 인위적인 방법으로는 예혼합연소(premixed combustion)와 분무연소(spray combustion)가 있다.

확산연소는 기체 가연물의 대표적 연소형태이다. 가연성 기체가 공기 중으로 확산하여 연소가 진행되며 공기와의 혼합속도에 의해 연소속도가 결정된다.

증발연소는 액체 가연물의 대표적 연소형태이다. 가연물 액체가 증발한 후 기체상태에서 확산연소가 연속적으로 진행되며 증발속도에 따라 연소생성물의 성분이 달라지는 점이 특징이다. 증발속도가 확산 연소속도보다 느리면 완전연소가 가능하나 증발속도가 더 클 경우 불완전연소를 나타내게 된다.

분해연소는 고체 가연물의 대표적 연소형태이다. 열분해에 의해 고체로부터 발생한 가연성 분해 기체가 연소하는 형태이며 분해 후 확산연소가 연속적으로 진행된다.

표면연소는 고체 가연물의 연소 과정으로서 무염연소로 진행되는 점이 특징이다. 이것은 열분해 기체의 유출 후 고체 표면에 남은 탄소성분이 산화반응을 일으키는 과정이다.

훈소는 고체 가연물의 연소형태 중 한 종류로서 표면연소와 그 과정이 유사하다. 그러나 표면연소에 비해 연소온도가 상대적으로 낮고 가연성 연기를 다량으로 발생하는 점이 다르다.

예혼합연소는 가연성 기체와 산소를 함유한 공기를 적절한 비율로 미리 혼합한 후 연소시키는 것을 말하며 혼합비에 따라 연소온도와 연소속도를 조절할 수 있다. 예로서 가스버너를 통한 연소와 자동차용 가솔린 엔진에서의 연소를 들 수 있다.

분무연소는 액체상 가연물을 장치를 통해 작은 크기의 액체 방울로 분무한 후 공기와 혼합하여 연소반응을 진행시키는 형태이다. 이 방법은 분무 이후 과정이 증발연소와 유사하며 디젤엔진 내부에서의 반응이 가장 대표적인 예라 할 수 있다.

6.4 연소의 조건

연소반응은 네 가지 연소조건이 갖추어지더라도 가연물의 농도, 공기와의 혼합비, 가연물의 온도 등에 의해 연소반응의 진행여부가 결정된다. 특히 기체 가연물은 공기 중 가연물의 농도 비율이 중요하며 가연물의 연소가능 범위가 각기 다르다. 기체 내 가연물 성분의 부피 백분율로 표현되는 연소범위(flammability range)는 최소농도 이상 최고농도 이하의 범위 내에서만 연소가 가능하다. 따라서 물질의 연소범위가 넓을수록 연소 가능성도 크다.

가연물의 온도 역시 연소 가능성을 결정하는 조건이 된다. 점화원이 있을 경우 기체상 가연물이 연소반응을 시작할 수 있는 최저 온도를 인화점(flash point)이라고 한다. 가연물의 온도가 인화점 아래에 있다면 가연물 농도가 연소범위 안에 있다 하더라도 연소반응은 실제로 일어나지 못한다. 이와 유사한 온도로서 연소점(fire point)이 있다. 연소점은 연소반응이 시작된 후 지속적인 진행이 가능한 온도를 가리킨다. 연소점은 인화점과 마찬가지로 가연물의 종류에 따라 각각 다르지만 일반적으로 인화점에 비해 몇 도 높은 온도이다.

점화원 없이 자체적으로 연소반응이 가능한 가연물의 온도를 발화점(ignition point)이라고 한다. 발화점은 가연물의 자연발화가 가능한 온도이므로 인화점이나 연소점에 비해 상대적으로 매우 높은 온도이다.

〈표 6-1〉 가연물의 연소조건

물질명	인화점(℃)	발화점(℃)	연소범위(vol.%)
부테인(butane)	−72	365	1.6~8.5
가솔린(gasoline)	−43	287.2	1.4~7.6
헥세인(hexane)	−22	223	1.1~7.5
아세톤(acetone)	−20	465	2.1~13
벤젠(benzene)	−11	498	1.3~7.1
톨루엔(toluene)	4	480	1.2~7.1
에틸알코올(ethylalcohol)	13	363	3.3~19
초산(acetic acid)	39	463	4.0~19.9

6.5 발화와 화염확산

가연물에 연소반응이 시작되는 현상이 발화이며 화염의 크기와 위치가 확장되는 것이 화염확산이다. 발화의 특성은 가연물의 종류와 연소조건에 의해 결정되나 화염확산은 동일한 연소조건이라도 열전달 효율과 가연물의 주위 환경 등 영향을 끼치는 요소가 다양하다. 화염에 의한 연소반응의 확장은 열전달 속도와 함께 연소열의 크기가 지배적으로 작용한다. 가연물의 연소시 방출하는 열량을 나타내는 물리량이 화재하중(fire load)이다.

화재하중은 단위 면적당 가연물의 연소 열량을 동일 열량을 방출하는 목재 무게로 환산한 값이다. 따라서 화재하중의 단위는 kg/m^2이다. 화재하중이 클수록 발열량이 많으므로 연소속도와 화염확산이 빨라진다. 건축물의 용도에 따른 화재하중은 각기 다르다. 화재하중을 감소시키는 방법은 건축물 내장재의 불연화 또는 난연화가 대표적이다.

〈표 6-2〉 건축물 용도와 화재하중

용 도	화재하중(kg/m^2)
병원	10～15
숙박업소	5～15
사무실	10～20
주거용 공간	30～60
상업용 공간	100～200
도서관	250
창고	200～1000

화염의 확산과정은 화염을 통해 분출되는 열이 전도(conduction), 대류(convection), 복사(radiation)의 방법을 통해 주위 가연물에 전달되는 속도가 가장 큰 지배인자이다.

화염확산의 대표적 현상은 플래시오버(Flash Over)이며 이 외에도 유류화재 등에서 볼 수 있는 증기운폭발(Boiling Liquid Expanding Vapor Explosion, BLEVE), 오일오버(Oil Over), 보일오버(Boil Over), 프로스오버(Froth Over), 슬롭

오버(Slop Over) 등이 있다.

플래시오버는 실내화재시 최성기가 시작되는 시점이며 열분해로 인해 발생한 가연성 기체가 실내 전체에서 폭발적으로 착화되는 현상으로서 800℃~900℃의 최고 온도를 나타낸다. 증기운폭발(블래비)은 가연성 액화가스를 저장하는 용기(tank)가 폭발하는 현상으로서 인접한 외부 화재로 인해 전달된 열이 내부 증기압 상승을 유발하여 발생된다. 따라서 증기운폭발은 폭발에 따른 파편 피해와 함께 분출된 가연성 기체의 착화로 인해 파이어볼(Fire Ball)의 화염확산이 수반된다. 오일오버는 화재로 인한 유류저장증기의 폭발이라는 점에서는 증기운폭발과 유사하나 저장된 유류량이 저장용기 용량의 50% 이하인 경우를 가리키며 파이어볼의 형성과는 일반적으로 무관하다. 보일오버는 중질유 저장용기 내 밑바닥에 있던 물 등이 급격히 끓음으로써 상부의 저장 기름을 용기 바깥으로 급격하게 분출시키는 연소확산 현상이다. 보일오버는 지속적 연소로 인해 축적된 열을 지닌 중질유 성분층(열류층, heat layer)이 유류저장용기 내 아래쪽으로 이동함으로써 물을 비등시킨 결과이다. 프로스오버는 유류저장용기 내 저장된 유류가 바닥에 있던 물의 비등으로 인해 용기 바깥으로 넘치는 점은 보일오버와 동일하다. 그러나 용기 외부로 분출되는 유류의 상태가 물과의 혼합에 따른 거품 상태라는 점이 특징이다. 또한 프로스오버는 유류저장용기에서 볼 수 있는 현상일 뿐이며 연소확산이나 화재와는 연관성은 필연적이지 않다. 슬롭오버는 유류저장용기 화재시 저장용기 상부로부터 유류가 불이 붙은 채 외부로 비산되는 현상이다. 슬롭오버의 원인은 지속된 연소로 인해 가열된 유류 표면의 열류층에 소화용 물이나 물을 포함한 포소화약제가 접촉될 경우 물의 비등으로 인해 갑자기 팽창된 표면층 부피로 인해 유류가 급격히 비산되며 연소하기 때문이다.

6.6 연소생성물

연소반응의 주된 생성물은 가연물의 종류에 따라 달라지나 일반적으로는 이산화탄소(CO_2)와 수증기(H_2O)이다. 그러나 산소 공급이 원활치 못한 경우 불완전연소에 의해 다량의 일산화탄소(CO)가 발생한다. 이 밖에도 연소 환경에 따라 질소산화물(NO_x), 황화수소(H_2S), 염화수소(HCl), 아크로레인(C_2H_4O), 포스겐 ($COCl_2$) 등의 기체상 연소생성물이 발생한다.

연소생성물들 중 가장 농도가 높은 이산화탄소는 급성 독성이 없는 기체이나 고농도의 경우 상대적인 산소 결핍현상을 야기할 수 있다. 이 경우 호흡수의 증가를 촉발함으로써 호흡을 통한 유해가스의 인체 내 유입을 증가시키는 결과를 가져온다. 일산화탄소는 독성이 매우 강한 기체이다. 산소보다 300배 이상 강한 헤모글로빈과의 결합력으로 인해 혈액의 산소운반작용을 방해한다.

NO_x로 표현하는 질소산화물(nitrogen oxide)은 NO, NO_2, N_2O, N_2O_4, N_2O_5 등 다양한 형태가 있으나 일산화질소(NO)와 이산화질소(NO_2)가 대표적이며 상대적인 독성도 강한 편이다. 수증기와 접촉시 쉽게 아질산 또는 질산을 형성함으로써 인체에 심각한 손상을 야기한다.

황화수소(hydrogen sulfide)는 독특한 악취로 인해 존재여부를 쉽게 알 수 있는 기체이나 후각세포에 대한 마비기능이 커서 오히려 감지하기 어려운 점도 있다. 일정 농도 이상의 경우 인체 내 호흡기관을 손상시키는 독성이 있다.

염화수소(hydrogen chloride)는 기체상 염산으로서 매우 자극성이 강한 성분이다. PVC 등의 플라스틱 연소시 다량으로 발생하며 호흡기 손상뿐만 아니라 안구와 인체 외피에 부식성이 큰 독성기체이다.

아크로레인(acrolein)은 2-propenal의 일반명이다. 분자 구조는 $H_2C = CHCHO$로서 아크릴알데히드(acrylic aldehyde)이다. 이 기체는 기름성분의 연소시 많이 발생하며 독성이 매우 강한 편이다.

포스겐(phosgene)은 독일이 최초의 전쟁용 화학작용제(chemical warfare agent)로 사용했던 독가스이다. 염소(Cl) 함유 플라스틱의 연소시 염화수소 성분과 함께 다량의 연소생성물로 발생한다.

기체상 연소생성물의 독성은 허용농도(permissible concentration)로 표현하며 미국산업보건회(American Conference of Governmental Industrial Hygienists, ACGIH)에서 매년 설정하는 시간가중평균허용농도(Threshold Limit Value-Time Weighted Average, TLV-TWA)와 단기간노출허용농도(TLV-Short Term Exposure Limit, TLV-STEL)가 있다. 그 밖에는 최고허용농도(TLV-ceiling, TLV-c) 등이 있다.

시간가중평균허용농도(TLV-TWA)는 일반적으로 작업장허용농도라고 하며 간단히 허용농도라고도 한다. 이 값은 독성가스의 발생농도와 시간을 곱한 항을 8로 나눈 것으로서 8시간 노출시에도 인체에 유해하지 않는 최대 농도를 의미한다. 즉 TLV 수치가 낮을수록 독성이 강하고 상대적인 위험성이 크다.

단기간노출허용농도(TLV-STEL)는 15분간의 노출시 유해하지 않은 최대 농도를 의미한다. 그리고 최고허용농도(TLV-c)는 한 번의 노출시 유해하지 않은 최고 농도를 의미한다.

독성가스의 기준은 작업장 허용농도가 200 ppm 이하인 기체로 정의되며 연소생성물의 독성은 허용농도로 비교할 수 있다.

〈표 6-3〉 **연소생성물 기체의 허용농도(TLV)**

물질명	화학식	TLV-TWA(ppm)	TLV-STEL(ppm)
포스겐	$COCl_2$	0.1	–
포스핀	PH_3	0.3	1
아크로레인	C_3H_4O	0.5	20
염소	Cl_2	1	50
플루오르화수소	HF	3	100
아산화질소	N_2O	5	120
이산화질소	NO_2	5	–
아황산가스	SO_2	5	500
시안화수소	HCN	5	300
벤젠	C_6H_6	10	–
황화수소	H_2S	10	600
이황화탄소	CS_2	20	–
일산화질소	NO	25	–
암모니아	NH_3	50	4,000
일산화탄소	CO	50	4,000
이산화탄소	CO_2	5,000	100,000

6.7 소화작용

소화(extinguishment)는 연소반응이 중지되는 것이며 그 과정이 소화작용이다. 자연적인 소화는 연소의 네 가지 요소 중 일부 요소의 결핍으로 인해 야기되나 인위적인 소화작용은 연소요소와 관련하여 연소 특성에 따른 다양한 조작이 가능하다. 실제적인 방법은 연소의 요소와 관련된 냉각소화, 질식소화, 제거소화, 부촉매소화의 네 가지가 대표적이나 이 외에도 희석소화, 유화소화, 피부소화, 방진소화, 탈수소화 등이 있다.

6.7.1 냉각소화

연소의 4요소 중 점화원과 관련된 소화법이 냉각소화이다. 냉각소화는 연소반응에서 활성화에너지로 작용하는 점화원의 에너지를 냉각작용을 통해 제거함으로써 소화시키는 방법이다.

냉각소화를 하기 위해 가연물과 그 주변의 온도를 낮추는 냉각 과정은 소화와 관련하여 세 가지 형태의 효과를 나타낸다. 그 첫째는 아레니우스 식 (5.14)에 의해 반응온도가 낮아지면 화학반응의 속도가 감소하는 효과이다. 연소반응도 화학반응의 한 종류이므로 반응온도의 저하는 반응속도의 감소를 유발하기 때문이다.

둘째는 연소에 필요한 점화원을 차단하는 효과이다. 연소의 시작뿐만 아니라 지속적인 연소에 필요한 점화에너지의 지속적 공급을 차단함으로써 화염의 확산이나 연소반응의 종결을 유도하게 된다.

셋째는 액체 또는 고체 가연물로부터 연소시 증발과 열분해에 의해 생성되는 가연성 연소생성물의 양을 억제하는 효과이다. 연소를 통해 발생되는 가연성 분해생성물은 온도에 비례하여 그 양이 생성되므로 냉각작용은 이를 억제하게 된다. 따라서 가연물의 양을 감소시키므로 화염의 축소와 연소반응의 종결을 유도하게 된다.

냉각소화작용에 사용되는 대표적인 물질은 물이며 다른 물질에 비해 상대적으로 큰 비열(specific heat)과 증발열(heat of vaporization)로 인해 냉각작용이 우수하다.

6.7.2 질식소화

질식소화는 연소의 요소들 중 산소와 관련된 소화법이다. 가연물 주위의 공기 중 산소농도를 낮춰줌으로써 가연물과 반응할 수 있는 산소량을 억제하는 방법이다. 실제로 연소반응이 진행되는 공간으로의 공기 유입을 차단하기 위해 모래를 뿌려 불을 끄는 방법이 가장 간단한 예라 할 수 있다.

대부분의 고체 가연물들은 대기 중 산소농도가 15 vol.% 이하로 내려가면 연소반응을 진행할 수 없다. 그러나 일부 가연성 기체는 매우 낮은 산소농도하에서도 연소를 지속할 수 있다. 가연물의 종류에 따라 연소가 가능한 산소농도는 차이가 있으며 이 농도를 한계산소농도(limited oxygen concentration, LOC, 혹은 limited oxygen index, LOI)라고 한다. 공기 중 산소의 부피 백분율(vol.%)로 나타내는 한계산소농도 이하를 유지시키는 것이 질식소화이다.

〈표 6-4〉 표준상태에서 기체상 가연물의 한계산소농도

물질명	화학식	한계산소농도(vol.%)
수소	H_2	5.9
일산화탄소	CO	5.9
에틸렌	C_2H_4	11.7
에테인	C_2H_6	13.4
프로필렌	C_3H_6	14.1
프로페인	C_3H_8	14.3
부테인	C_4H_{10}	14.5
메테인	CH_4	14.6

질식소화의 실제 적용방법은 이산화탄소(CO_2)와 같은 불연성 기체를 가연물과 주위에 다량으로 분사하여 인위적으로 한계산소농도 이하를 유지시키는 것이 대표적이다.

6.7.3 제거소화

연소의 요소들 중 가연물과 관련된 소화법이 제거소화이다. 이 방법은 가연물을 화염으로부터 격리 또는 제거함으로써 연소의 진행을 불가능하게 한다. 즉 연소반응에서 가연물과 화염의 접촉을 차단하는 방법이다. 소화용수로 물을 방사할 경우 봉상주수를 하게 되면 가연물이 타격되어 제거소화가 일부 나타날 수 있으며, 가연성 기체를 화염으로부터 분리시키는 제거소화의 예로서는 촛불을 불어서 끄는 행위를 들 수 있다. 화재현장이나 외출시 가스밸브를 잠그는 행위가 대표적인 제거소화이다.

6.7.4 부촉매(anti-catalysis)소화

연소의 요소들 중 연쇄반응과 관련된 소화법이 부촉매소화이다. 부촉매소화는 연쇄반응의 중심인 활성기(·H 또는 ·OH)들을 비활성화함으로써 연소반응이 계속되지 못하게 하는 것이다. 원소들 중 Ⅶ A족 원소인 플루오르(F), 염소(Cl), 브롬(Br), 요오드(I)들 중 일부 원소가 들어 있는 할론소화약제의 주된 기능이 부촉매소화작용이다.

플루오르와 브롬이 들어 있어서 주성분이 $C_2F_4Br_2$인 Halon 2402 할론소화약제의 부촉매 소화작용은 다음과 같이 나타낼 수 있다.

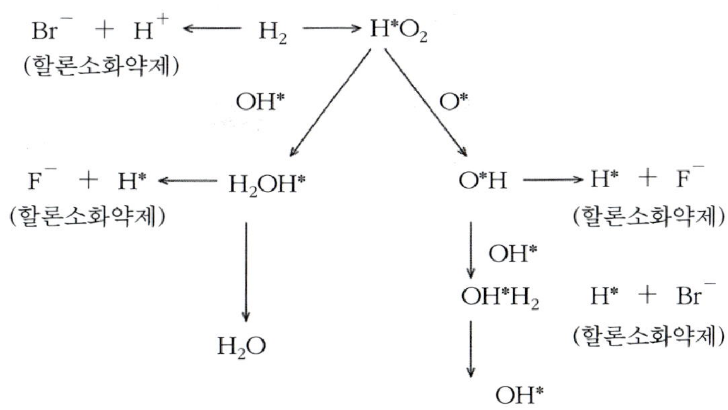

[그림 6-1] **할론소화약제의 부촉매 소화작용**

6.7.5 희석(dilution)소화

희석소화는 연소의 요소들 중 가연물과 관련 있는 소화법이다. 따라서 제거소화와 유사한 부분이 있다. 가연물을 완전히 제거하는 것은 아니어도 그 양과 농도를 감소시키는 방법이다. 즉 반응물 농도를 감소시킴으로써 연소반응의 속도를 떨어뜨리는 작용을 한다. 알코올 화재시 다량의 물을 주입하여 단위 부피당 가연물의 양을 감소시키는 경우가 희석소화의 대표적인 예이다.

6.7.6 유화(emulsion)소화

유화소화는 연소의 요소들 중 제거소화와 연관되는 소화법이다. 가연물이 유류인 경우에만 적용되는 소화법이며 유화층(emulsification layer)의 형성을 통해 화염과 가연물을 차단함으로써 소화작용을 나타내는 방법이다. 중유(heavy oil)와 같이 비중이 큰 제3석유류의 화재시 포소화약제 등의 유화제와 함께 분무상 물을 방사할 경우 물과 기름이 형성하는 유화층으로 인해 화염과 가연물이 분리되는 결과를 초래한다. 따라서 가연물의 지속적 공급을 억제하는 효과를 나타내게 된다.

6.7.7 피복소화

피복소화는 연소의 요소들 중 질식소화와 관련 있는 소화법이다. 피복소화는 가연물의 표면을 불연성 물질로 덮어서 가연물의 산소 접촉을 차단하거나 제한하는 방법이다. 대표적인 방법은 이산화탄소를 이용하는 방법이다. 공기에 비해 약 1.5배 무거운 이산화탄소를 바닥에 있는 가연물과 주위에 분사하면 이산화탄소가 가연물의 틈과 상부를 점유함으로써 공기로부터 가연물로의 산소 공급이 어려워지게 된다.

6.7.8 방진소화

방진소화는 연소의 요소들 중 질식소화와 함께 냉각소화 등이 복합적으로 작용하는 소화법이다. 방진소화는 불연성 소화약제가 가연물의 표면을 점성 액체로 도포함으로써 산소와 가연물의 격리, 가연물의 냉각 등의 효과를 나타내는 방법이다. 그러나 다른 소화법과의 차이는 무염연소를 대상으로 한다는 점이다. 방진소화작용을 나타내는 대표적인 물질은 제3종 분말소화약제로 사용되는 제1인산암모늄($NH_4H_2PO_4$)이며 용융상태의 메타인산이 가연물 표면에 생성된다. 실제로 숯과 같이 표면연소가 진행되는 물질의 연소시 부촉매 소화작용도 효율적이지 못하며 방진소화가 가장 효과적이다.

6.7.9 탈수(dehydration)소화

탈수소화는 연소의 요소들 중 부촉매소화와 관련이 있으나 제거소화 및 냉각소화도 복합적으로 작용하는 소화법이다. 탈수소화는 소화약제를 이용하여 가연물을 탈수시킴으로써 연쇄반응의 활성기로 작용하는 기체상 가연물의 ·H와 ·OH를 제거하는 효과를 기대할 수 있고 아울러 탈수과정으로 인한 가연물의 냉각과 가연능력을 감소시키는 작용을 한다. 탈수소화에 이용되는 소화약제는 방진소화에도 이용되는 제1인산암모늄이 대표적이다.

6.8 소화약제(Extinguishing Agents)

소화약제는 성분과 상(phase) 또는 기능에 따라 구분하되 대표적으로는 물 소화약제, 포(foam)소화약제, 이산화탄소 소화약제, 분말소화약제, 할론소화약제, 할로겐화합물 및 불활성기체 소화약제를 들 수 있으며 그 외에도 강화액 소화약제와 산-알칼리 소화약제가 있다.

6.8.1 물 소화약제

물 소화약제는 말 그대로 물이 소화약제로 사용되는 경우이다. 현실적으로 화재진압시 가장 보편적으로 사용되고 있으며 여러 가지 장점으로 인해 소화제로서의 적용범위와 효용은 매우 넓다.

〈장점〉

1) 가격이 저렴하다 – 경제성으로 인해 대량 사용가능
2) 비열과 증발열이 크다 – 우수한 냉각능력
3) 화학적 안정성과 안전성이 크다 – 보관과 취급이 용이, 무독성
4) 다양한 주수법 – 분무상 주수시 전기화재에도 적용가능

〈단점〉

1) 동절기 얼기 쉽다 – 계절에 따른 보관상 어려움
2) 수손에 따른 2차 피해 – 소화 대상물의 제한성

물 소화약제의 소화 작용은 직접적인 주수에 의한 냉각작용이 가장 대표적이다. 그러나 분무상 주수시 질식소화작용과 유화소화작용이 가능하며 대량의 주수

를 통한 희석소화작용도 있다. 봉상주수시 가연물에 대한 직접적 타격으로 부분적인 제거소화의 역할을 할 수 있다.

6.8.2 포(foam)소화약제

포소화약제는 거품을 발생시켜 연소물을 피복함으로써 질식소화작용을 나타내는 약제이다. 포소화약제는 거품을 구성하는 기포의 성분에 따라 화학포(chemical foam)와 기계포(mechanical foam)로 구분한다.

화학포의 거품은 기체의 성분이 이산화탄소이지만 기계포의 기체성분은 공기가 주성분이다. 따라서 기계포를 공기포(air foam)라고도 한다. 화학포는 자체적으로 발생된 압력에 의해 약제가 분출되지만 기계포는 혼합기를 통한 기계적인 압축에 의존한다.

화학포는 탄산수소나트륨($NaHCO_3$)과 황산알루미늄($Al_2(SO_4)_3 \cdot 18\,H_2O$)을 반응시켜 이산화탄소 거품을 생성시킨 것이며 기계포는 거품발생기(발포기)에 계면활성제(surfactant)를 투입하여 공기와 기계적으로 혼합시킨 거품을 제조한다. 기계포의 거품 팽창비는 국내 기준으로 6배에서 20배 이하를 저발포(low expansion)라 하고 80배 이상 1000배 미만을 고발포(high expansion)라고 한다.

$$6\,NaHCO_3 + Al_2(SO_4)_3 \cdot 18\,H_2O \longrightarrow 2\,Al(OH)_3 + 3\,Na_2SO_4 + 6\,CO_2 + 18\,H_2O \quad (6.4)$$

기계포 소화약제에 사용되는 계면활성제는 크게 다섯 가지 성분이 있으며 단백질 가수분해물질, 불화단백포, 알코올형, 수정막포, 탄화수소계로 구분된다. 이것들 중 불화단백포는 단백질 가수분해물질과 탄화불소계 계면활성제의 혼합물이며 알코올형은 단백질 가수분해물질에 탄화수소계 계면활성제를 혼합한 것이다. 수성막포는 탄화불소계 계면활성제가 주성분이며 가장 용도가 큰 포소화약제이다.

소화설비로 사용되는 포소화약제는 일반적으로 기계포 소화약제가 사용되고 있으며 유류화재의 경우 물 소화약제에 비해 우수한 소화 능력을 나타낸다. 포소화약제의 소화기능은 질식소화작용 이외에도 유화소화작용과 냉각소화작용이 있다.

알코올형 포소화약제는 알코올류, 에터(ether)류, 에스터(ester)류, 케톤(ketone)류 및 알데히드(aldehyde)류의 연소시 소화용 약제이며, 일반 포소화약제가 가지는 알코올류 가연물에 의한 소포현상(거품이 꺼지는 현상)을 나타내지 않는 포소화약제이다.

6.8.3 이산화탄소 소화약제

기체상 소화약제인 이산화탄소는 공기보다 무겁고 불연성이어서 유류화재와 가스화재에 널리 이용된다. 이산화탄소 소화약제의 소화작용은 질식소화작용, 냉각소화작용, 피복소화작용이 대표적이다. 질식소화작용과 피복소화작용은 불연성과 공기보다 무거운 특성에 의해 나타나며 냉각소화작용은 저장용기 내 액체상 혹은 고체상으로 보관되었다가 분출시 주위로부터 기화열을 흡수하므로 나타나는 소화효과이다.

특히 이산화탄소 소화약제는 소화작용 후 2차적인 피해가 없으므로 고가의 장비 혹은 기계실 등에 자동분사 시스템으로 설비된다.

밀폐된 공간으로의 약제 분출은 산소농도의 상대적 저하를 야기하므로 인체에 위험성이 있다. 그러므로 공간의 형태와 크기에 따라 이산화탄소 소화약제의 분출방식과 양은 달라진다. 분출방식은 전역방출방식(total flooding system), 국소방출방식(local application system), 그리고 이동방출방식(hose reel system)이 있다.

6.8.4 분말소화약제

분말소화약제는 고체상 소화약제로서 성분에 따라 네 종류가 있으며 각기 다른 색상으로 분류한다. 실제로 사용되고 있는 종류는 제3종이며 다양한 소화기능으로 인해 소화기 등에 널리 이용되고 있다.

분말소화약제는 소화성능도 우수하며 표면화재와 심부화재에 모두 적용가능한 점이 장점이다. 또한 전기화재에도 적용할 수 있으며 약제의 보관이 쉬운 편이다. 그러나 소화과정에서 2차적인 피해가 발생되며 열분해시 유해 가스가 발생되

〈표 6-5〉 분말소화약제의 종류

구 분	주성분	색 상	특 성
제1종	탄산수소나트륨($NaHCO_3$)	백색	A급 화재 적용 못함
제2종	탄산수소칼륨($KHCO_3$)	담회색	고가, 흡수율 높음
제3종	제1인산암모늄($NH_4H_2PO_4$)	담홍색	ABC급 화재 적용, 경제성
제4종	$KHCO_3$ + $(NH_2)_2CO$	회색	A급 화재 적용 못함

는 단점이 있다. 제3종 분말소화약제의 소화작용은 냉각소화, 질식소화, 부촉매소화 외에도 방진소화와 탈수소화가 있다. 냉각소화는 연소반응과 접촉시 제1인산암모늄으로부터 암모니아와 수증기의 분해를 통해 주위 열을 흡수하는 과정이다.

질식소화는 분해 가스들로 인한 산소공급의 차단을 통해 진행되며 인산암모늄으로부터 분리된 활성암모늄(NH_4^*)은 부촉매작용을 나타낸다.

방진소화작용과 탈수소화작용은 제1인산암모늄으로부터 열분해된 메타인산(HPO_3)과 오르토인산(H_3PO_4)에 의해 각각 진행된다.

분말소화약제의 제조시 특별히 주의할 점은 분말 약제들의 고형화를 방지하는 것이며 분말 입자의 크기, 안식각(angle of repose), 표면 코팅제 등이 영향을 주는 요소들이다. 대표적인 코팅제로는 실리콘오일이 있다.

6.8.5 할론소화약제

할로겐족 원소인 F, Cl, Br, I 중 일부가 들어 있는 알케인(alkane)계 탄화수소를 주성분으로 하는 소화약제를 할론소화약제라고 한다.

연소반응의 연쇄반응을 억제하는 부촉매소화작용(화학소화작용)이 우수하여 소화능력이 뛰어날 뿐 아니라 장기간의 저장도 가능하며 경제성도 좋은 편이다.

이산화탄소 소화약제와 마찬가지로 소화작용 후 2차적인 피해도 발생하지 않는다.

할론 1301은 주성분이 브로모트리플루오로메탄(CF_3Br)으로서 국가화재안전기준(NFSC)에서 인정된 세 가지 할로겐화합물 소화약제들 중 소화성능이 가장 뛰어나다. 실온에서는 기체이며 공기보다 5.2배 무겁다. 분자 자체로는 인체 독성이 크지 않으나, 화염과 접촉시 열분해반응을 통해 독성기체인 플루오르화수소(HF)와 브롬화수소(HBr)가 생성된다.

할론 1211은 주성분이 브로모클로로디플루오로메탄(CF_2ClBr)으로서 ABC급 화재에 모두 사용가능한 할로겐화합물 소화약제이다. 실온에서 기체상태이며 공기에 비해 5.7배 무겁다. 할론 1211은 환경오염지수가 낮다는 장점이 있으나 인체 독성이 할론 1301보다 더 크다는 단점으로 인해 사용상의 제한이 있다.

할론 2402는 주성분이 디브로모테트라플루오로에탄($C_2F_4Br_2$)이며, 상온에서 액체이다. 액체의 비중은 2.2 정도로 물보다 무거우며, 인체에 대한 독성이 세 가지 할론소화약제들 중 가장 크다.

그러나 많은 장점에도 불구하고 인체에 대한 독성과 환경오염의 문제점으로 인해 사용이 제한되고 있으며 Halon 1211, Halon 1301, Halon 2402 등이 현재 한시적으로 사용되고 있다. 인체에 대한 독성은 최초의 할론소화약제라 할 수 있는 사염화탄소(CCl_4)가 대표적이다. 사염화탄소는 화염과 접촉시 열분해하여 독성이 강한 포스겐($COCl_2$)을 발생시킨다.

인체에 대한 소화약제의 독성은 몇 가지 기준에 의해 사용여부와 방출량을 제한하고 있으며, 그 기준은 전역방출방식의 경우 최대허용독성농도(no observed adverse effect level, NOAEL)와 독성인정최저농도(lowest observed adverse effect level, LOAEL)가 대표적으로 적용된다.

소화약제의 환경오염지수는 오존층파괴지수(ozone depletion potential, ODP)와 지구온난화지수(global warmth potential, GWP)로 규정된다. 이 두 지수의 기준은 CFC 11($CFCl_3$)이며 기준 물질 1kg이 야기하는 오존층 파괴 크기와 지구온난화 크기에 대한 특정 소화약제의 크기를 비율로 표현하는 것이다. 즉 ODP와 GWP 수치가 작을수록 환경적 위험성은 줄어든다.

할론소화약제의 소화작용은 할로겐 원자들이 연쇄반응의 활성기인 ·H와 ·OH와 반응하여 소멸시키는 부촉매소화작용이 대표적이다. 그 외 공기보다 무거운 성질에 의한 질식소화와 약간의 냉각소화기능도 있다. 냉각소화 능력은 동일한 무게의 물에 비해 10% 정도를 나타낸다. 할론소화약제의 부촉매소화작용은 화염생성에 필요한 연쇄반응이 제한적인 무염연소의 경우 그 기능이 현저히 감소한다.

6.8.6 할로겐화합물 및 불활성기체 소화약제

할론소화약제가 지닌 우수한 소화능력은 유지하되 인체 독성 및 환경적 문제점을 개선한 소화약제가 할로겐화합물 소화약제이다. 할로겐화합물 소화약제는 개발시기와 특성에 따라 제1세대와 제2세대로 구분된다. 제1세대 할로겐화합물 소화약제는 환경보호적 특성이 우수하지만 소화능력은 할론소화약제에 비해 약한 공통점이 있다. 그러나 제2세대 할로겐화합물 소화약제는 환경적 특성과 소화능력이 모두 우수하다. 특히 제2세대 할로겐화합물 소화약제 중에는 요오드(I) 성분이 들어 있는 약제가 개발되고 있는 점이 특징적이다.

할로겐화합물 및 불활성기체 소화약제는 국내 관련 법규인 국가화재안전기준(NFSC 107A)에 13종이 인정되어 있다. 이것을 화학적 성분으로 구분하면, 할로겐화합물 계열 9종과 불활성기체 계열 4종이 있다. 할로겐화합물계열을 세분하면 HCFC 계열, HFC계열, FC계열, FIC계열, FK계열이 있으며, 불활성기체계는 질소,

아르곤, 이산화탄소의 함량에 따라 구분된다. 할로겐화합물계열 소화약제로서의 HCFC계열은 일반적인 할론소화약제(CFC)에 비해 수소 원자가 상대적으로 많이 결합되어 있는 구조를 의미한다. 또한 HFC계열은 분자 골격인 탄소에 수소 원자와 플루오르(불소, F) 원자만이 결합되어 있는 물질을 의미한다. FC계열은 분자 골격 탄소에 플루오르 원자만이 결합된 구조이고, FIC계열은 분자 골격 탄소에 플루오르와 요오드(I) 원자들만이 결합된 구조이다. 그리고 FK계열은 분자 골격 탄소에 플루오르 원자만이 결합된 구조이지만, 한 군데 이상 산소 원자가 탄소와 이중결합한 케톤(ketone)구조가 특징적이다.

HCFC계열 소화약제는 HCFC-124, HCFC BLEND A가 있으며, HFC계열에는 HFC-23, HFC-236fa, HFC-125, HFC-227ea이 있다. FC계열에는 FC 3-1-10이 있으며, FIC계열로는 FIC-13I1이 있다. 또한 FK계열로는 FK-5-1-12가 있다. 특히 FK-5-1-12은 상품명 'NOVEC'으로 잘 알려져 있는데, 일명 '젖지 않는 물'로 불리며 우수한 소화성능을 나타내고 있다.

불활성기체계열의 소화약제는 모두 질식소화작용을 나타내는 약제들인데, 성분 함량에 따라 IG-01, IG-100, IG-541, IG-55가 있다. IG-01과 IG-100 각각 단일 성분인 아르곤(Ar)과 질소(N_2)가 주성분이다. 그러나 IG-541은 50%의 질소, 40%의 아르곤, 10%의 이산화탄소가 혼합된 혼합가스이다. 또한 IG-55는 50%의 질소 기체와 50%의 아르곤 기체로 구성되어 있다.

할로겐화합물 및 불활성기체 소화약제는 계열이나 종류와 무관하게 공통적으로 친환경적인 소화약제이다. 따라서 할로겐화합물 및 불활성기체 소화약제의 오존파괴지수(ODP)와 지구온난화지수(GWP)는 일반적인 할론소화약제에 비해 매우 낮다. 일반적인 할론소화약제의 오존파괴지수는 1 정도이지만, 할로겐화합물 및 불활성기체 소화약제는 0.02 이하로 낮다.

〈표 6-6〉 **할로겐화합물 및 불활성기체 소화약제의 환경지수**

소화약제명	ODP	GWP
HCFC124(C_2F_4HCl)	0.02	–
HFC23(CF_3H)	0	13
HFC125(C_2F_5H)	0	–
HFC227(C_3F_7H)	0	0.6
FC3-1-10(C_4F_{10})	0	–
IG541(N_2, Ar, CO_2)	0	0

6.8.7 강화액 소화약제

물 소화약제의 동절기 결빙현상을 극복하기 위해 알칼리 물질을 소화용수 속에 첨가한 것을 강화액 소화약제라고 한다. 첨가되는 알칼리 성분은 탄산칼륨(K_2CO_3)과 암모늄염(ammonium salt)이 사용되며 수용액 전체의 pH는 11～12 정도이다.

6.8.8 산-알칼리 소화약제

산-알칼리 소화약제는 이산화탄소 거품을 발생시켜 소화작용을 하는 과정이 화학포 소화약제와 동일하나 황산알루미늄 대신에 황산수용액을 사용한다는 점이 다르다. 액체상의 반응 용이성으로 인해 소화기에 사용되기도 했으나 현재는 분출약제의 산성에 따른 소화 피해와 사용상의 불편함으로 인해 거의 사용되지 않는다.

연습문제

1. 연소반응이란?

2. 연소의 4요소는?

3. 연소반응에서 점화원은 반응에서의 역할이 무엇인가?

4. 연쇄반응의 주체로 작용하는 활성유리기는 무엇인가?

5. 연소범위의 관점에서 벤젠과 헥세인 중 연소위험성이 큰 물질은?

6. 화재하중의 관점에서 사무실과 주택 중 면적당 발열량이 큰 쪽은?

7. TLV-TWA란?

8. TLV 관점에서 암모니아와 일산화탄소 중 독성이 상대적으로 큰 것은?

9. 분무상 주수법의 대표적인 소화작용 두 가지는?

10. 제1인산암모늄($NH_4H_2PO_4$)의 소화작용은?

CHAPTER 7

기 체

7.1 기체의 특성

물질의 세 가지 상태 중 기체는 매우 독특하여 다른 두 상(phase)과는 본질적으로 구분된다. 기체는 분자간 거리가 매우 멀다는 점이 가장 중요하다.

액체와 고체는 분자간 거리가 더 이상 좁혀지지 않을 정도로 이미 가깝게 배열되어 있다. 따라서 기체상태는 유체(fluid)라는 외형적 관점에서 액체와 물리적 성질이 유사할 것 같으나 실제로는 전혀 다르다.

기체는 액체에 비해 현저히 낮은 밀도로 인해 비열도 작고 압력에 따른 부피 변화도 크다. 기체가 가지는 고유한 특성들은 모두 기체분자간 거리가 매우 크다는 점에 그 근거가 있다.

기체는 물질의 세 가지 상태 중 상대적으로 온도가 가장 높은 영역이다. 따라서 액체 또는 고체로 상전이시 각각 응축열(heat of condensation)과 승화열(heat of sublimation)을 방출하는 발열과정을 나타낸다. 낮은 밀도와 상대적으로 높은 온도로 인해 기체는 분자들의 운동도 활발하며 분자분포 또한 매우 무질서하다.

7.2 이상기체와 법칙들

이상기체(ideal gas)는 기체의 특성을 쉽게 이해하기 위해 실제기체(real gas)가 가지는 성질들 중 일부를 무시한 가상의 기체이다. 극한 조건이 아닌 보통의 밀도와 압력하에서는 이상기체와 실제기체 사이에 차이는 거의 없다.

7.2.1 보일의 법칙(Boyle's law)

보일의 법칙은 이상기체를 대상으로 한 법칙이며 기체의 압력과 부피 사이의 관계를 나타낸다. 즉 기체의 압력과 부피는 서로간 반비례하며 그 곱은 항상 일정하다는 것이다. 물론 여기에는 온도가 일정하다는 조건이 들어 있다.

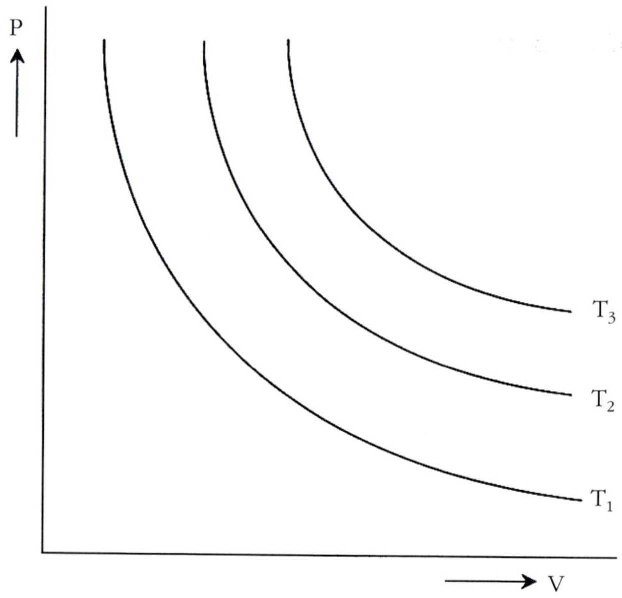

[그림 7-1] **보일의 법칙**

$$\text{압력(P)} \times \text{부피(V)} = \text{const.} \quad (\text{단, T는 일정}) \tag{7.1}$$

[그림 7-1]에서와 같이 보일의 법칙을 의미하는 곡선은 각각 동일한 온도를 나타내는 점들로 구성되므로 등온선(isotherms)이라고 한다. 서로 다른 온도에서는 $T_1 < T_2 < T_3$의 순서로 온도가 높다.

7.2.2 샤를의 법칙(Charles' law)

샤를의 법칙은 이상기체의 온도와 부피에 관한 법칙이나 일반적인 조건에서는 실제기체에도 잘 적용된다. 즉 압력이 일정할 경우 기체의 부피는 온도에 비례한다는 것이다. 예를 들어 1기압하에서는 온도가 1℃ 변할 때마다 기체의 부피가 0℃ 부피의 1/273만큼씩 증가하거나 감소한다.

$$V = k \cdot T \qquad (\text{단, P는 일정}) \tag{7.2}$$

$$\frac{V_1}{T_1} = \frac{V_2}{T_2} \tag{7.3}$$

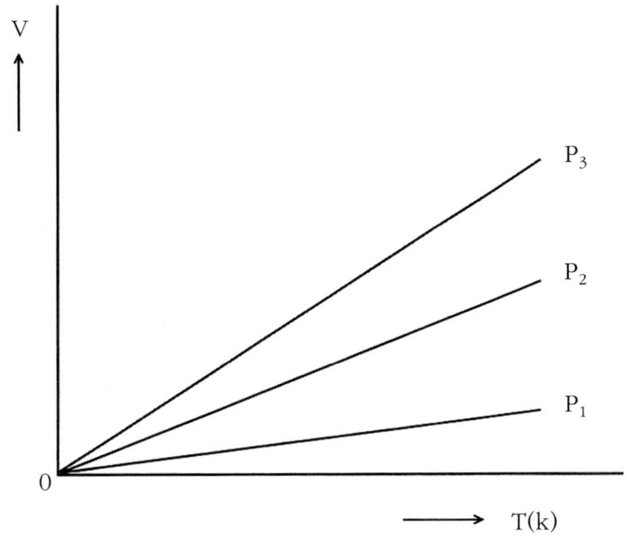

[그림 7-2] **샤를의 법칙**

[그림 7-2]에서와 같이 샤를의 법칙을 나타내는 직선은 각각 내부적으로 동일한 압력을 가지는 점들의 집합이므로 등압선(isobars)이라고 한다. 서로 다른 압력의 경우 $P_3 < P_2 < P_1$의 순서로 압력이 높다.

7.2.3 아몬톤의 법칙(Amonton's law)

아몬톤의 법칙 역시 이상기체에 관한 법칙이나 일반적인 온도와 압력에서는 실제기체에 큰 편차를 가지지 않고 잘 적용된다. 즉 부피가 일정할 경우 기체의 압력은 온도에 비례한다는 것이다. 예를 들어 밀폐된 용기를 가열하면 용기 내부의 압력은 온도에 비례하여 증가한다.

$$P = k \cdot T \qquad (\text{단, V는 일정}) \tag{7.4}$$

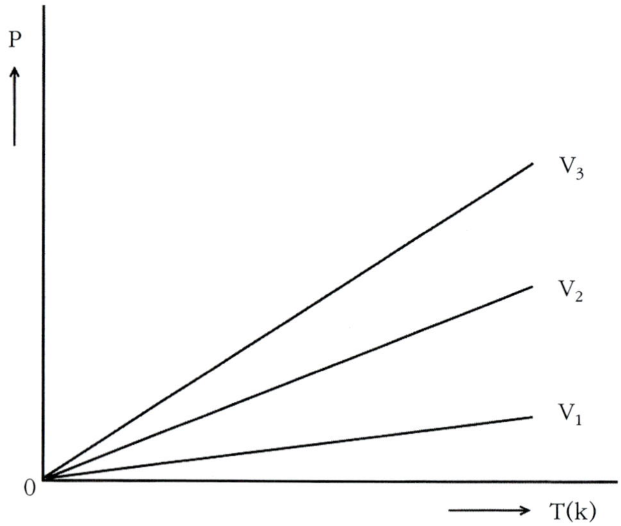

[그림 7-3] 아몬톤의 법칙

[그림 7-3]과 같이 아몬톤의 법칙을 나타내는 직선은 내부적으로 동일한 부피를 가지는 점들의 집합이므로 등부피선(isometrics)이라고 한다. 서로 다른 부피의 경우 $V_3 < V_2 < V_1$의 순서로 부피가 크다.

7.2.4 아보가드로의 법칙(Avogadro's law)

아보가드로의 법칙은 기체의 부피와 몰(mole)에 관한 관계를 규정한 것으로서 온도와 압력이 일정할 경우 기체의 부피는 몰수에 비례한다는 것이다.

$$V = k \cdot n \qquad (\text{단, T와 P는 고정}) \qquad (7.5)$$

아보가드로의 법칙은 달리 표현하여 **"모든 기체의 부피는 압력과 온도가 일정할 경우 몰수에 비례하며 기체의 종류와는 무관하다"**라고 정의한다. 그러나 이 법칙을 바르게 이해하는 것이 쉽지 않다.

몰은 물질의 양을 나타내는 항이며 구체적으로 물질의 개수(6×10^{23})를 나타낸다. 그러므로 동일한 몰수의 기체분자는 동일한 개수의 기체분자를 의미한다. 기체분자 1개의 크기는 아주 작은 수소기체(H_2)로부터 상대적으로 큰 이산화탄소(CO_2) 등과 같이 서로간 차이가 크다. 그러므로 같은 개수의 기체분자가 같은 크기의 부피를 가진다는 것을 이해하기 어렵다.

기체는 분자간 거리가 매우 크다. 따라서 분자 1개의 크기는 분자가 점유하는 공간, 즉 기체의 부피에 비해 무시할 수 있을 정도로 작다. 그래서 기체분자 1개의 크기와 무관하게 기체의 부피는 분자의 개수에 비례하여 결정된다.

7.2.5 보일-샤를의 법칙

물질의 양이 일정한 경우 이상기체의 온도, 부피, 압력의 상관관계를 규정한 것이 보일-샤를의 법칙이다. 이것은 보일의 법칙과 샤를의 법칙을 조합한 수식으로 표현한다.

$$\frac{P_1 \cdot V_1}{T_1} = \frac{P_2 \cdot V_2}{T_2} \qquad \text{(단, n은 고정)} \tag{7.6}$$

7.2.6 달톤의 분압법칙(Dalton's law of partial pressure)

여러 종류의 기체가 섞여 있을 때 각 성분 기체의 분압을 규정하는 것이 분압법칙이다. 밀폐된 용기 내 기체들의 분압을 합하면 용기의 전체압력(전압)이 되고 각각의 분압은 성분기체의 몰분율(mole fraction)에 비례한다는 것이다.

$$P_t = P_1 + P_2 + \cdots = \Sigma P_i \tag{7.7}$$

$$P_i = P_t \times X_i \tag{7.8}$$

$$X_i(\text{몰분율}) = \frac{n_i}{n_t} \tag{7.9}$$

예제 7-1

4 g의 수소기체, 84 g의 질소기체, 32 g의 산소기체가 들어 있는 밀폐된 용기 내 전체 압력이 120 kPa이다. 기체 각각의 분압은 얼마인가?

풀이 먼저 기체 각각의 몰수를 구한다.(H_2, N_2, O_2의 몰질량은 각각 2 g, 28 g, 32 g)

$$H_2 : \frac{4\text{ g}}{2\text{ g}} = 2\ (\text{mol})$$

$$H_2 : \frac{84\ g}{28\ g} = 3\ (mol)$$

$$O_2 : \frac{32\ g}{32\ g} = 1\ (mol)$$

각 기체의 몰분율을 계산한다.

$$X_{H_2} = \frac{2}{6} = \frac{1}{3}$$

$$X_{N_2} = \frac{3}{6} = \frac{1}{2}$$

$$X_{O_2} = \frac{1}{6}$$

그러므로 각 기체의 분압은 식 (7.8)에 의해 계산된다.

$$P_{H_2} = 120 \times \frac{1}{3} = 40\ kPa$$

$$P_{N_2} = 120 \times \frac{1}{2} = 60\ kPa$$

$$P_{O_2} = 120 \times \frac{1}{6} = 20\ kPa$$

정답 : $P_{H_2} = 40\ kPa$, $P_{N_2} = 60\ kPa$, $P_{O_2} = 20\ kPa$

7.2.7 이상기체의 상태방정식(ideal gas equation)

이상기체의 상태를 규정하는 네 가지 변수, 즉 온도, 압력, 부피, 몰수의 상관관계를 표현한 것이 상태방정식이다.

$$P \cdot V = n \cdot R \cdot T \tag{7.10}$$

여기서 R은 기체상수(gas constant)로서 단위에 따라 수치가 달라지는 유차원 상수(dimensional constant)이다.

$$R : 8.314\ Pa \cdot m^3/mol \cdot K$$
$$8.314\ J/mol \cdot K$$

0.082 atm · L/mol · K
1.987 cal/mol · K

이상기체 상태방정식은 몰수를 몰질량에 대한 물질의 무게로 환산하면 새로운 형태의 식으로 전환된다.

$$P \cdot V = \frac{W}{M} \cdot R \cdot T \tag{7.11}$$

$$\rightarrow P \cdot M = \frac{W}{V} \cdot R \cdot T \tag{7.12}$$

$$\rightarrow P \cdot M = d \cdot R \cdot T \tag{7.13}$$

식 (7.13)에서 d는 밀도(density)를 의미한다.

7.3 실제기체(Real Gas)

현실에 존재하는 기체가 실제기체이다. 지금까지 살펴본 기체의 법칙들은 이상기체를 대상으로 한 것들이며 실제기체에 적용시 약간의 편차를 가진다. 그러나 보통의 조건에서는 이상기체와 실제기체가 큰 차이를 나타내지 않으며 매우 낮은 온도 또는 매우 높은 압력의 경우 두 기체간의 성질과 상태는 달라진다.

이상기체와 실제기체의 근본적인 차이점은 실제기체에 존재하는 두 가지 사항을 이상기체에서는 없다고 가정한 것이다. 그것은 분자 자체의 부피와 기체분자간 인력이다. 일반적인 조건에서는 이 두 가지 요소의 크기가 크지 않아 인정 여부가 기체의 상태에 영향을 주지 않는다. 그러나 온도가 지극히 낮은 경우 분자운동이 느려져 분자간 인력이 증가하며 압력이 지극히 높은 경우에는 기체 부피에 대한 분자 자체의 크기가 차지하는 비율이 증가하게 된다.

이와 같은 차이를 극복하기 위해 이상기체 상태방정식을 보완한 식이 반데르발스 식(Van der Waals equation)이다. 반데르발스 식은 실제기체에 적용하기 위한 상태방정식이라 할 수 있다.

$$(P + \frac{n^2 a}{V^2})(V - nb) = n \cdot R \cdot T \qquad (7.14)$$

식 (7.14)에서 a, b는 반데르발스 상수라고 하며 각각 분자간 인력과 분자 자체 부피와 관련된 것이어서 기체마다 고유한 값을 가진다.

〈표 7-1〉 실제기체의 Van der Waals 상수

종 류	$a(L^2atm/mol^2)$	b(L/mol)
H_2	0.244	0.0266
N_2	1.39	0.0391
O_2	1.36	0.0318
Cl_2	6.49	0.0562
He	0.0341	0.0237
Ne	0.211	0.0171
Ar	1.34	0.0322
H_2O	5.46	0.0305
CH_4	2.25	0.0428
CO_2	3.59	0.0427
CCl_4	20.4	0.1383

이상기체에 대한 실제기체의 비이상성(nonideality)을 압축인자(compressibility factor, z)라고 한다. 압축인자는 기체의 종류, 온도, 압력 등에 의해 달라지며 1에 가까울수록 이상기체의 성질과 유사하다.

$$Z = \frac{\text{실제기체부피}}{\text{이상기체부피}} = \frac{PV}{RT} \ (\text{단, } 1\,\text{mol}) \qquad (7.15)$$

[그림 7-4]와 [그림 7-5]에서 Z값이 1보다 작은 영역은 이상기체의 부피보다 실제기체의 부피가 작은 상태를 의미한다. 이것은 이상기체에 대한 실제기체의 부피 차이를 결정하는 두 요소 중 분자간 인력효과가 더 크게 작용했음을 나타낸다. 그러나 Z값이 1보다 큰 영역은 실제기체의 부피가 이상기체에 비해 더 크다는 것을 나타내므로 두 요소 중 분자 자체의 부피 효과가 지배적으로 작용한 결과이다.

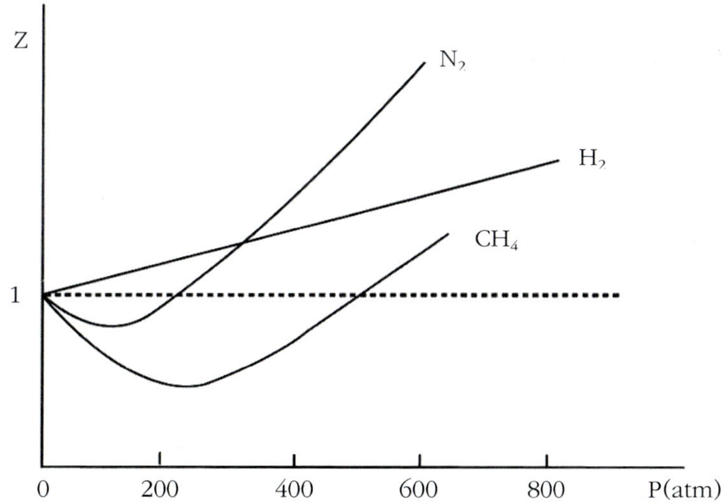

[그림 7-4] 실제기체의 Z-P 곡선 (300K)

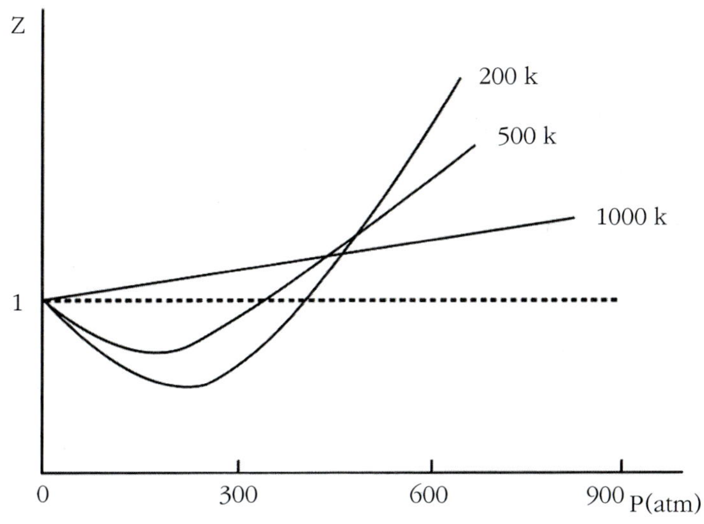

[그림 7-5] 온도에 따른 질소기체의 Z-P 곡선

7.4 기체분자의 운동

물질의 세 가지 상태 중 분자운동이 가장 자유스러우며 가장 큰 운동에너지를 가진 것이 기체이다. 기체분자들의 공간적 이동속도는 온도에 비례하며 평균속도(average velocity)로 표현한다. 한 종류의 기체분자가 동일한 온도에 있어도 운동속도는 각기 다르다. 기체분자의 운동속도를 표현하는 대표적인 항이 근평균속도(root mean square speed, U_{rms})이다.

$$U_{rms} = \sqrt{\frac{3RT}{M}} \tag{7.16}$$

이 식에서 M은 기체의 몰질량을 나타내는데, 무거운 기체일수록 속도가 작고, 온도는 높을수록 기체분자의 운동속도가 커짐을 보여준다.

예제 7-2

27℃의 산소기체분자의 근평균속도는 몇 m/sec인가?

풀이 식 (7.16)에 각 조건을 대입하되 MKS 단위계를 맞추기 위해 산소기체의 몰질량을 kg으로 환산해야 한다.

$$U_{rms} = \sqrt{\frac{3(8.314\,J/mol \cdot k)(300k)}{0.032\,kg/mol}}$$

$$= 483.6\ m/sec$$

※ $J = kg \cdot m^2/sec^2$

정답 : 483.6

기체운동과 관련된 현상으로서 기체의 확산(diffusion)이 있다. 기체분자의 이동에 따른 현상으로서 기체분자의 무게와 관련이 있다. 이에 관한 관계식이 그래햄의 분출법칙(Graham's law of effusion)이다.

$$\text{Graham 법칙} : \frac{v_2}{v_1} = \sqrt{\frac{M_1}{M_2}} \tag{7.17}$$

식 (7.17)에서 v_1과 v_2는 기체 1과 기체 2의 확산속도를, M_1과 M_2는 기체 1과 기체 2의 분자량을 나타낸다. 그래햄의 법칙은 다음과 같이 정의된다. "두 기체의 확산속도는 두 기체의 분자량의 제곱근에 반비례한다."

예제 7-3

기체 상태의 NH_3와 HCl이 1 m의 거리를 두고 있다. 이 두 물질이 동시에 출발하여 생성물인 NH_4Cl을 형성하는 거리는 HCl로부터 몇 cm 떨어진 지점인가?

풀이 NH_3와 HCl의 분자량은 각각 17 amu와 36.5 amu이다. Graham식에 적용하면

$$\frac{v_{NH_3}}{v_{HCl}} = \sqrt{\frac{36.5\ \text{amu}}{17\ \text{amu}}} \fallingdotseq 1.5$$

그러므로 NH_3 기체의 속도가 HCl 기체보다 1.5배 빠르다.

정답 : 40 cm

7.5 연기농도와 가시거리

연기(smoke)는 공기 중 부유하는 고체상 콜로이드(colloid) 입자를 말한다. 입자의 크기는 $10^{-6} \sim 10^{-8}$ m 정도이며 대기 중 농도에 따라 가시거리를 제한하는 대기오염물질이다. 공기 중 연기농도는 가시거리와 감광계수로 나타낸다. 가시거리는 인체가 방해를 받지 않고 물체를 볼 수 있는 최대거리를 말하며 감광계수는 광원이 가지는 빛의 세기가 감소하는 크기를 비율로 표현한 것이다.

빛의 세기와 매질 통과에 따른 감소에 관한 유용한 식이 람베르트-비어 법칙(Lambert-Beer's law)이다.

$$\text{Lambert-Beer 법칙 : } I = I_0^{e^{-Cs \cdot L}} \tag{7-18}$$

여기서 I_0와 I는 각각 광원의 광도와 광원으로부터 L m 떨어진 곳의 광도를 의미하며 C_s는 감광계수이고 L은 가시거리이다. 이 식을 대수화하고 C_s에 대해 정리하면 다음과 같다.

$$\ln I = \ln I_0 - C_s \cdot L \tag{7.19}$$

$$\rightarrow \ln \frac{I_0}{I} = C_s \cdot L \tag{7.20}$$

$$\rightarrow C_s = \frac{1}{L} \cdot \ln \frac{I_0}{I} \tag{7.21}$$

감광계수가 크다는 것은 가시거리가 짧고 광원의 광도가 거리에 따라 빠르게 감소함을 의미한다.

〈표 7-2〉 가시거리와 감광계수

가시거리(m)	감광계수(m^{-1})	현 상
20～30	0.1	연기감지기 작동가능
5	0.3	건물외부로 피난가능
3	0.5	상당히 어두움
1～2	1	앞이 거의 보이지 않음
0.2～0.5	10	플래시오버 연기 농도

연습문제

1. 기체상태의 가장 큰 특징은 무엇인가?

2. 기체의 압력이 증가할수록 온도에 따른 부피변화는 어떻게 변화하는가?

3. N_2와 O_2 각각 10개씩의 기체분자가 차지하는 부피는 같은가 다른가? 다르다면 어느 것이 큰가?

4. 불활성기체 소화약제 IG-541은 N_2, Ar, CO_2가 혼합된 약제이다. 저장용기는 내부에 소화약제로서 84 g의 N_2, 100 g의 Ar, 22 g의 CO_2가 들어 있고 전압은 36 kg/cm^{2}이다. CO_2의 분압이 3 kg/cm^{2}이라면 Ar의 몰질량은?

5. 27℃, 4 g의 수소기체(H_2)가 1기압(atm)하에서 차지하는 부피는 몇 L인가? (이상기체로 가정)

6. 5번의 경우를 실제기체로 가정하고 시행오차법(trial error method)으로 구하시오. (반데르발스 상수 $a = 0.244\ L^2atm/mol^2$, $b = 0.0266\ L/mol$)

7. 압력이 높을수록 압축인가(Z) 값이 증가하는 이유는?

8. 산소기체(O_2)보다 확산속도가 4배 빠른 기체는 무엇인가?

9. 이상기체는 압력 증가시 액화가 가능한가?

10. 광원의 최초 광도가 반으로 약해진 지점에서의 감광계수가 0.5이다. 광원에서 이 지점까지의 거리는 몇 m인가?

CHAPTER

8

액체와 고체

8.1 액체와 고체의 특성

액체상태와 고체상태는 기체상태와 달리 분자간 거리가 매우 가깝고 분자간 인력이 강하게 작용한다. 즉 액체가 증발하여 기체로 바뀐다는 것은 액체분자간 인력이 끊어지고 분자간 거리가 매우 멀어짐을 의미한다. 동일한 분자 개수를 기준으로 하여 물질의 부피를 비교하면 기체상태가 액체 또는 고체 상태에 비해 평균 1000배 이상 크다.

액체가 기체로 바뀌는 온도를 끓는점(boiling point)이라고 하며 대기압하에서의 끓는점을 정상끓는점(normal boiling point)이라 한다. 액체분자간 인력은 물질의 종류에 따라 고유한 크기를 가지므로 정상끓는점 역시 물질마다 서로 다르다.

액체상태와 고체상태의 구분은 외형의 변화 가능성으로 판단하지만 그 경계가 모호하다. 분자의 배열 역시 액체는 무질서하고 고체는 대체로 질서정연하나 비결정성 고체의 경우에는 분자 배열이 무질서하다. 또한 액체결정(liquid crystal)은 규칙적인 분자배열을 나타내는 결정영역(crystalline region)과 불규칙한 배열의 비결정영역(amorphous region)이 섞여 있다.

8.2 용액과 용해도

용액(solution)은 균일혼합물(homogeneous mixture)을 말하며 액체, 고체, 기체의 모든 상(phase)이 가능하다. 합금(alloy)은 대표적인 고체용액(solid solution)이며 공기는 기체용액(gas solution)이다.

용액은 두 종류 이상의 물질이 골고루 잘 섞여 있으므로 물질들 서로간의 양적인 구분이 필요하다. 상대적으로 양이 많거나 자유스러운 상태가 용매(solvent)이며 양이 작거나 상대적으로 자유스럽지 못한 쪽이 용질(solute)이다. 알코올 성분이 20%인 술은 알코올이 용질이고 나머지 물이 용매가 된다.

용액에서 용매 100 g에 녹는 용질의 무게(g)를 용해도(solubility)라고 한다.

일반적으로 용해도는 온도에 비례하지만 기체 용질이 액체 용매에 용해되는 경우에는 용매의 온도가 낮을수록 오히려 용해도가 증가한다.

용액은 용질의 종류에 따라 전해질(electrolyte)용액과 비전해질(nonelectrolyte)용액으로 구분한다. 전해질은 용매에 용해시 분자가 쪼개지는 해리(dissociation)가 진행되는 용질을 가리키며 비전해질은 분자의 해리현상이 나타나지 않는 용질이다. 소금은 전해질이며 설탕은 비전해질이다. 소금물과 설탕물은 모두 투명하게 보이지만 소금물 속에는 Na^+와 Cl^-가 존재하고 설탕물 속에는 설탕분자가 해리되지 않고 분산되어 있을 뿐이다.

일정량의 용매에 대해 용질이 녹을 수 있는 최대량을 용해도라고 한다(좁은 의미). 이 용해도만큼 용질이 녹아 있는 용액을 포화용액(saturated solution)이라 하며 그 이하 용질량이 들어 있는 용액은 불포화용액(unsaturated solution), 그 이상의 경우를 과포화용액(supersaturated solution)이라고 한다. 과포화용액은 매우 불안정한 상태여서 약간의 충격이나 외부 자극에 의해서도 쉽게 침전(precipitation)현상이 진행된다.

용액의 용해도는 온도와 압력 등의 일반적 조건 이외에도 용매분자와 용질분자간 친화도 등에 의해서도 영향을 받는다. 벤젠은 물에 녹지 않으나 알코올은 잘 녹는다. 극성 용질분자는 극성 용매에 큰 용해도를 가지는 것이 일반적이다.

8.3 용액의 농도

용액에 녹아 있는 용질의 양을 표현한 것이 농도(concentration)이다. 농도를 나타내는 방법은 백분율농도, ppm과 ppb, 몰농도, 몰랄농도, 노르말농도 등이 보편적으로 사용된다.

8.3.1 백분율농도(percent concentration)

백분율농도는 용액에 대한 용질의 양을 질량 또는 부피 백분율로 표현한 것이다. 질량백분율(weight percent, wt.%)은 용액의 전체 질량에 대한 용질의 질량을 백분율로 나타낸 것이며, 부피백분율(volume percent, vol.%)은 용액 부피에 대한 용질 부피의 크기를 백분율로 표현한 것이다.

$$\text{질량백분율(wt.\%)} = \frac{\text{용질의 질량}}{\text{용액의 질량}} \times 100(\%) \tag{8.1}$$

$$\text{부피백분율(vol.\%)} = \frac{\text{용질의 부피}}{\text{용액의 부피}} \times 100(\%) \tag{8.2}$$

8.3.2 ppm과 ppb

묽은 농도를 표현하는 농도단위가 ppm(parts per million)과 ppb(parts per billion)이다. ppm과 ppb는 환경오염물질의 농도 등과 같이 매우 희박한 농도를 표현하는 데 유용하며 각각 백만분의 일(10^{-6})과 10억분의 일(10^{-9})을 나타낸다. 즉 1%는 10^4 ppm이며 또한 10^7 ppb이다. 실제적인 예로서 1 L의 수용액 중 용질 1 mg의 농도는 1 ppm이며, 1 μg의 용질이 나타내는 농도가 1 ppb이다. 기체상 연소생성물들의 독성을 나타내는 TLV 수치의 단위가 ppm이다.

8.3.3 몰농도(Molarity, M)

몰농도는 용액의 농도 표현시 가장 널리 사용되는 표현법이다. 용액 1 L에 들어 있는 용질의 mol수가 몰농도이다.

$$\text{M(몰농도)} = \frac{\text{용질 mol}}{\text{용액 1 L}} \tag{8.3}$$

예제 8-1

10 g의 NaOH가 녹아 있는 수용액의 부피가 100 mL이다. NaOH 수용액의 농도는 몇 M인가? (단, Na의 몰질량은 23 g)

풀이 먼저 용액 1 L로 환산했을 때의 NaOH 무게를 계산한다.

100 mL : 10 g NaOH

⟶ 1 L : 100 g NaOH

NaOH의 몰질량이 40 g이므로 100 g은 2.5 mol이다.

$$M = \frac{\text{용질 mol}}{\text{용액 1 L}} = \frac{\text{NaOH 2.5 mol}}{\text{NaOH 수용액 1 L}} = 2.5$$

정답 : 2.5 M

〈표 8-1〉 물에 대한 용해도(20℃, 1 atm)

물질명	용해도(M)
질소(N_2)	0.69×10^{-3}
일산화탄소(CO)	1.04×10^{-3}
산소(O_2)	1.38×10^{-3}
아르곤(Ar)	1.50×10^{-3}
부틸알코올($C_4H_{10}O$)	0.93

8.3.4 몰랄농도(molality, m)

몰랄농도는 용매 1 kg에 대한 용질의 mol수로 정의한다. 몰농도와의 차이점은 용액 부피에 대한 용질 mol수가 아니라 용매 무게에 대한 용질 mol수로 표현한다는 점이다.

$$m(\text{몰랄농도}) = \frac{\text{용질 mol}}{\text{용매 1 kg}} \tag{8.4}$$

8.3.5 노르말농도(Normality, N)

노르말농도는 당량농도라고도 하며 용액 1L 속에 들어 있는 당량(equivalence) 수를 나타낸다. 당량은 '같은 양', 또는 '해당되는 양'이라는 의미이며 mol과는 차이가 있다. mol은 개수로 표현되는 외형적 양을 의미하지만 당량은 '실제로 작용하는 양'을 의미한다.

예를 들어 염산(HCl)과 황산(H_2SO_4)은 모두 수용액에서 100% 해리되는 강산(strong acid)이다. 염산분자 1개와 황산분자 1개는 숫자적으로 동일하지만(mol수는 동일하지만) 산의 역할은 차이가 있다. 이 점은 실제적으로 산(acid)의 역할을

하는 수소이온(H^+)의 개수가 다르기 때문이다.

$$HCl \longrightarrow H^+(aq) + Cl^-(aq) \tag{8.5}$$

$$H_2SO_4 \longrightarrow 2\,H^+(aq) + SO_4^{2-}(aq) \tag{8.6}$$

즉 황산 한 분자는 염산 두 분자에 해당하는 산성을 나타낼 수 있으므로 염산 1 mol은 1당량이지만 황산 1 mol은 2당량이다.

예제 8-2

200 mL 황산수용액 속에 9.8 g의 H_2SO_4가 들어 있다. 이 황산수용액의 노르말농도는? (단, 황의 몰질량은 32 g)

풀이 먼저 용액 1 L 속에 들어 있는 H_2SO_4 무게를 구한다.

$$200\text{ mL} : 9.8\text{ g } H_2SO_4$$
$$\longrightarrow 1000\text{ mL} : 49\text{ g } H_2SO_4$$

그리고 H_2SO_4의 몰질량은 98 g이므로 49 g은 0.5 mol이다.
그러나 황산(H_2SO_4)은 1 mol이 2당량이므로 0.5 mol은 1당량이다.

$$N(\text{노르말농도}) = \frac{H_2SO_4\ \text{당량수}}{H_2SO_4\ \text{수용액 1 L}} = \frac{1\text{당량}}{1\text{ L}} = 1$$

정답 : 1 N

8.4 용액의 총괄성

용액의 종류와 무관하게 모든 용액에 공통적으로 나타나는 성질을 용액의 총괄성(colligative property)이라고 한다. 총괄성은 용액의 농도에 비례하여 그 크기가 결정되며 일반적으로 전해질 용액이 비전해질 용액에 비해 강하게 나타난다. 용액의 총괄성은 크게 네 가지이며 증기압 강하(vapor pressure depression), 끓는점 오름(boiling point elevation), 어는점 내림(freezing point depression), 삼투압(osmotic pressure)이다.

8.4.1 증기압 강하

증기압은 액체상 물질이 액체분자간 인력을 끊고 기체로 바뀌는 압력을 말하며 때로는 밀폐된 용기 내 포화상태의 기체상 압력을 의미한다.

증기압 강하는 용매의 증기압이 용액을 형성함으로써 떨어지는 현상을 가리키는데 다음과 같이 정의한다.

"액체 용매의 증기압(순수 증기압, P°)은 용액 형성시 감소하고 그 차이 크기는 용액의 농도에 비례한다."

증기압 강하 현상과 관련된 수식으로서 라울의 법칙(Raoult's law)이 있다.

$$\text{라울의 법칙 : } P_{soln.} = X_{solv.} \times P_{solv.} \quad (8.7)$$

여기서 $P_{soln.}$은 용액(solution, soln.)의 증기압, $X_{solv.}$는 용매(solvent, solv.)의 몰분율, $P_{solv.}$는 용매의 증기압(=P°)을 의미한다. 즉 라울의 법칙은 다음과 같이 표현된다.

"용액의 증기압은 용매의 증기압에 용매의 몰분율을 곱한 것과 같다."

용액은 두 종류 이상의 물질이 섞여 있으므로 용매의 몰분율은 항상 1보다 작다. 그러므로 용액의 증기압은 용매만이 있을 때의 용매 증기압(순수 증기압, P° 또는 $P_{solv.}$)에 비해 항상 작게 된다.

라울의 법칙을 정확하게 따르는 용액을 이상용액(ideal solution)이라 하는데, 실제 용액은 용액의 증기압이 식 (8.7)보다 크거나(양의 편차) 작다(음의 편차).

실제 용액의 이러한 비이상성(non ideality)은 용매분자와 용질분자 사이의 인력 크기에 따라 결정된다. 용매-용매 또는 용질-용질 분자들 사이의 인력을 동종분자간 인력이라 하며 용매-용질 분자간 인력을 이종분자간 인력이라 한다. 동종분자간 인력이 이종분자간 인력보다 강하면 용액의 형성에 반발하여 용액의 증기압은 양의 편차(positive deviation)를 나타내며 에틸알코올-헥세인 용액이 대표적인 예이다. 그러나 동종분자간 인력보다 이종분자간 인력이 강하면 용액 형성이 더 유리하므로 용액의 증기압은 음의 편차(negative deviation)를 나타내게 되며 물-아세톤 용액이 그 실제적 예이다. 실제용액 중 이상용액에 가장 근접한 용액으로는 벤젠-클로로폼 용액이 있다.

8.4.2 끓는점 오름(boiling point elevation)

용액의 끓는 온도는 용매의 끓는 온도에 비해 상승하고 그 폭은 용액의 농도에 비례한다는 것이 끓는점 오름 현상이다.

$$\Delta T_b = k_b \times m \tag{8.8}$$

여기서 ΔT_b는 끓는점의 상승폭을 가리키며 용액의 끓는점에서 용매의 끓는점을 뺀 값이다. k_b는 끓는점 오름상수로서 물질의 종류에 따라 각기 다른 고유한 값을 가진다. m은 몰랄농도를 나타낸다. 즉 용액의 농도가 증가하면 끓는점의 차이도 더욱 커짐을 알 수 있다.(식 8.8)

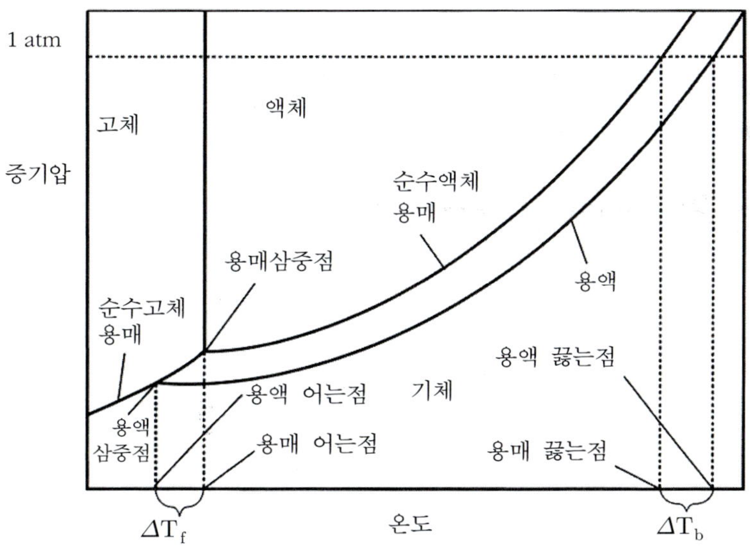

[그림 8-1] 용매의 증기압 곡선과 용액의 증기압 곡선

8.4.3 어는점 내림(freezing point depression)

용액의 어는 온도는 용매의 어는 온도에 비해 내려가며 그 감소폭은 용액의 농도에 비례한다는 것이 어는점 내림 현상이다.

$$\Delta T_f = k_f \times m \qquad (8.9)$$

여기서 ΔT_f는 어는점 내림폭으로서 용매의 어는점에서 용액의 어는점을 뺀 값이다. 또한 k_f는 어는점 내림상수이며 m은 몰랄농도이다.

〈표 8-2〉 **끓는점 오름상수(k_b)와 어는점 내림상수(k_f)**

물질명	T_b (℃)	k_b (℃/m)	T_f (℃)	k_f (℃/m)
물(H_2O)	100	0.52	0	1.86
에틸알코올(C_2H_6O)	78.4	1.22	−114.6	1.99
사염화탄소(CCl_4)	76.8	5.02	−22.3	29.8
벤젠(C_6H_6)	80.1	2.53	5.5	5.12
클로로폼($CHCl_3$)	61.2	3.63	−63.5	4.68

예제 8-3

500 g의 벤젠(C_6H_6)에 나프탈렌($C_{10}H_8$) 32 g을 용해시켰다. 용액의 어는점은 몇 ℃인가?

풀이 용액의 몰랄농도를 먼저 구한다.

1 kg의 벤젠에는 64 g의 나프탈렌이 들어 있는 농도이다. 또한 나프탈렌의 몰질량이 128 g이므로 64 g은 0.5 mol이다.

$$m = \frac{\text{나프탈렌 } 0.5\text{ mol}}{\text{벤젠 } 1\text{ kg}} = 0.5$$

어는점 내림폭은 식 (8.9)에 각 항을 대입한 후 계산한다.(k_f는 〈표 8-2〉를 이용)

$$\Delta T_f = 5.12 \times 0.5 = 2.56$$

실제 용액의 어는점은 정상 어는점에서 ΔT_f를 뺀 값이다.(T_f는 〈표 8-2〉를 이용)

그러므로 용액의 어는점 = 5.5 − 2.56 = 2.94(℃)

정답 : 2.94℃

8.4.4 삼투압(osmotic pressure, π)

용매분자의 이동은 자유로우나 용질분자의 이동이 불가능한 선택적 박막을 반투막(semipermeable membrane)이라 한다. 반투막을 사이에 둔 동일 용매의 용액이 농도 차이에 의해 묽은 용액의 용매분자가 진한 농도의 용액쪽으로 반투막을 통해 이동하는 현상을 삼투작용(osmosis)이라 한다.

소금물에 절인 배추가 쪼그라드는 현상은 전형적인 삼투작용의 결과이다. 또한 이로 인해 두 용액 사이에 발생한 압력차이가 삼투압이다. 삼투압은 농도차에 의해 발생하므로 농도차에 비례하여 그 크기가 달라진다.

$$\text{삼투압}(\pi) = m \times R \times T \tag{8.10}$$

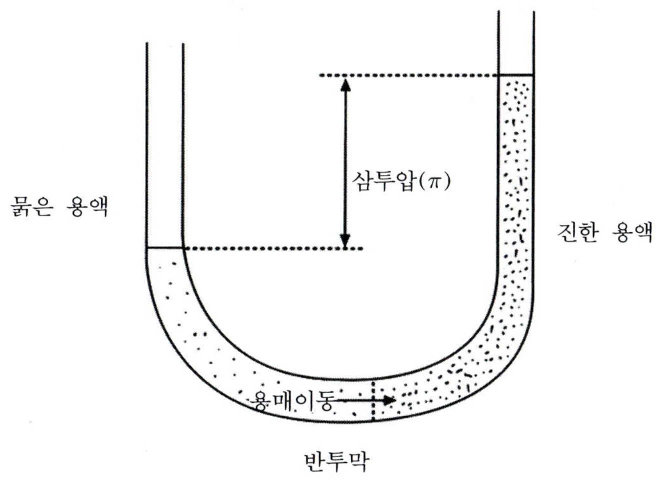

[그림 8-2] **용액의 삼투압력**(π)

8.5 반트호프 인자(Van't hoff factor, i)

반트호프 인자는 총괄성의 크기에 영향을 주는 요소로서 동일 농도의 전해질 용액이 비전해질 용액에 비해 총괄성이 크게 나타나는 배율을 나타낸다.

$$i = \frac{\text{전해질 용액 } \Delta T_f}{\text{비전해질 용액 } \Delta T_f} \tag{8.11}$$

반트호프 인자는 전해질 1개 분자가 용액 내에서 2개 혹은 그 이상의 이온으로 해리되는 실제적인 농도가 반영된 수치이다. 즉 한 분자가 2개의 이온으로 해리되는 NaCl은 i 값이 거의 2에 가까우며 3개의 이온으로 해리되는 K_2SO_4는 거의 3에 가깝다. 그러나 i 값이 완전히 2와 3이 되지 않는 것은 양이온과 음이온 사이의 인력 때문이며 농도가 묽을수록 수치는 상대적으로 커진다. 또한 이온의 전하가 증가하면 이온의 독립성이 감소하여 동일 조건에서는 i 값이 감소한다.

〈표 8-3〉 몰랄농도에 따른 반트호프 인자(i)의 크기

화학식	0.1m	0.01m	0.001m
NaCl	1.87	1.94	1.97
KCl	1.85	1.94	1.98
$MgSO_4$	1.21	1.53	1.82
K_2SO_4	2.32	2.70	2.84

8.6 헨리의 법칙(Henry's law)

액체용매에 대한 기체용질의 용해도에 관한 법칙이다. 즉 기체용질의 용해도는 용질기체의 압력에 비례하여 증가한다.

$$C_g = k_g \times P_g \tag{8.12}$$

여기서 C_g는 액체용액에 녹아 있는 기체용질의 농도이며 P_g는 용질기체의 압력이다. k_g는 헨리의 법칙을 구성하는 상수로서 용매온도와는 반비례한다. 즉 차가운 액체용매에는 기체용질이 많이 녹을 수 있으나 온도가 상승하면 기체의 용해도가 감소하여 액체용액 내 용질기체의 방출로 인한 기포가 생성된다.

헨리의 법칙에 관한 예로서 청량음료의 마개를 개봉했을 때 액체 내부의 거품발생을 들 수 있다.

8.7 난용성 염(Insoluble Salt)의 용해도

염화칼슘을 제외한 대부분의 칼슘화합물은 물에 대한 용해도가 지극히 낮다. 이러한 난용성 염들도 서로간에는 용해도의 차이가 크다. 난용성 염의 용해도는 용해도곱 상수(solubility product, K_{sp})로 표현한다.

8.7.1 용해도곱 상수(solubility product, K_{sp})

난용성 염은 용해도가 매우 낮으므로 평형상태에서의 이온농도 역시 매우 작다. 난용성 염의 용해반응이 평형상태에 도달했을 때 이온들의 농도를 곱한 항이 용해도곱 상수이다.

평형상태에서의 이온농도는 각 이온마다 포화용액의 농도로서 가장 큰 값을 가진다. 그러므로 평형상태에서의 이온농도곱이 용해도곱 상수이므로 평형상태에 도달되기 이전의 이온농도곱은 용해도곱 상수에 비해 항상 작다.

평형상태에서의 이온농도곱(= 용해도곱 상수)과 일반 조건의 이온농도곱의 크기를 비교하면 용액의 포화도를 알 수 있다.

K_{sp} = 이온농도곱 : 포화용액(평형상태)
K_{sp} > 이온농도곱 : 불포화용액

K_{sp} < 이온농도곱 : 과포화용액(침전 발생)

평형상태에서 난용성 염의 용해도곱 상수는 다음과 같이 구성된다.

〈표 8-4〉 난용성 염의 용해도곱 상수값(K_{sp}), 25℃

화학식	K_{sp}	화학식	K_{sp}
AgCl	1.7×10^{-10}	$Cu(OH)_2$	4.8×10^{-20}
AgBr	5×10^{-15}	$Fe(OH)_2$	2×10^{-15}
AgI	8.5×10^{-17}	$Fe(OH)_3$	1.1×10^{-36}
$Al(OH)_3$	2×10^{-33}	$Mg(OH)_2$	7.1×10^{-12}
$BaSO_4$	1.5×10^{-9}	MgF_2	7.3×10^{-9}
$CaSO_4$	2×10^{-4}	PbF_2	3.2×10^{-8}
$Ca(OH)_2$	6.5×10^{-6}	$PbCl_2$	1.6×10^{-5}
$CaCO_3$	9×10^{-9}	$Ni(OH)_3$	1.6×10^{-14}
CaF_2	1.7×10^{-10}	$Zn(OH)_2$	4.5×10^{-19}

$$AgCl(s) \rightleftharpoons Ag^{+}(aq) + Cl^{-}(aq) \tag{8.13}$$

$$K_{sp} = [Ag^{+}][Cl^{-}] \tag{8.14}$$

$$Ca(OH)_2(s) \rightleftharpoons Ca^{2+}(aq) + 2\,OH^{-}(aq) \tag{8.15}$$

$$K_{sp} = [Ca^{2+}][OH^{-}]^2 \tag{8.16}$$

$$Al(OH)_3(s) \rightleftharpoons Al^{3+}(aq) + 3\,OH^{-}(aq) \tag{8.17}$$

$$K_{sp} = [Al^{3+}][OH^{-}]^3 \tag{8.18}$$

8.7.2 난용성 염의 용해도 영향 인자

난용성 염의 용해도에 영향을 끼치는 인자는 공통이온효과, 산과 염기의 첨가, 착이온 생성 등이 있다. 난용성 염 용액에 공통된 이온을 첨가하면 르샤뜨리에 원리에 의해 역반응이 진행되어 용해도는 감소한다.

그러나 산 또는 염기를 첨가하면 난용성 염의 용해도는 증가한다. $Ca(OH)_2$의 경우를 예로 들어 보자.

$$Ca(OH)_2(s) \rightleftharpoons Ca^{2+}(aq) + 2\,OH^-(aq) \tag{8.19}$$

$$2\,H^+(\text{산}) + 2\,OH^-(aq) \longrightarrow 2\,H_2O(\ell) \tag{8.20}$$

첨가된 산(acid)은 수용액 중의 OH^-와 반응하여 물을 생성한다. 즉 식 (8.19)에서 생성물인 OH^-이온의 감소는 정반응속도를 증가시켜 $Ca(OH)_2$의 용해를 촉진한다.

또한 착이온의 생성은 난용성 염의 용해도를 증가시킨다.

$$AgCl(s) \rightleftharpoons Ag^+(aq) + Cl^-(aq) \tag{8.21}$$

$$2\,NH_3(\text{리간드}) + Ag^+ \longrightarrow Ag(NH_3)_2{}^+(aq) \tag{8.22}$$

리간드의 첨가로 Ag^+이온의 착이온을 생성함으로써 용액 내 Ag^+이온의 농도가 감소한다. 그러므로 르샤뜨리에 원리에 의해 Ag^+이온의 농도를 회복시키기 위해 정반응속도가 증가하게 되어 AgCl의 용해도가 커지게 된다.

8.8 콜로이드 용액

콜로이드(colloid)는 직경이 $10^{-6} \sim 10^{-9}$ m 영역의 입자를 가리킨다. 이런 크기는 일반적인 분자의 경우 분자의 개수가 수십에서 수백 개 정도가 모여 있는 정도이다. 콜로이드 입자가 들어 있는 용액을 콜로이드 용액 또는 분산용액(dispersing solution)이라 하며 구성성분을 분산질(dispersed solute)과 분산매(dispersing medium)로 구분한다. 분산질을 때로는 분산상(dispersed phase)이라고도 한다.

콜로이드 입자는 가벼워 중력에 의한 영향이 크지 않고 입자간 충돌에 따른 불규칙한 운동을 계속한다. 콜로이드 입자의 이런 움직임을 브라운 운동(Brownian motion)이라 한다. 물속에서 쉽게 가라앉지 않고 떠다니는 부유입자들이나 공기 중 먼지 등이 좋은 예이다. 화재현장에서도 초기 발생된 연기입자는 콜로이드 상태이며 시간의 흐름에 따라 연기농도가 진해지면 서로간 뭉쳐져서 큰 크기의 콜로이드 입자를 형성한다. 콜로이드 입자의 크기와 불규칙한 표면 상태는 틴달현상(Tyndall effect)이라는 빛의 산란현상을 쉽게 발생시킨다.

〈표 8-5〉 콜로이드 용액의 종류

분산매	분산질	형 태	예
고체	고체	고체 젤(gel)	루비(보석)
고체	액체	고체 졸(sol)	버터, 젤리
고체	기체	고체 폼(foam)	물에 뜨는 돌
액체	고체	액체 젤	페인트
액체	액체	액체 졸(=에멀젼)	우유
액체	기체	거품(foam)	생크림
기체	고체	에어로젤	연기
기체	액체	에어로졸	안개
기체	기체	기체 용액	–

8.9 고체의 구조

물질이 가지는 고체상태의 구조는 크게 두 가지이다. 그것은 규칙적인 구조로서 반복되는 단위(repeating unit)를 가지는 결정(crystal)과 불규칙한 분자 배열의 비결정(amorphous)이다. 비결정은 무정형이라고도 한다.

8.9.1 결정계(crystal system)

결정구조는 반복되는 기본구조로서 단위격자(unit cell)를 가진다. 결정의 종류는 단위격자의 모양에 따라 구분되며 입방결정(cubic), 정방결정(tetragonal), 사방결정(orthorhombic), 마름모결정(rhombohedral), 육방결정(hexagonal), 단사결정(monoclinic), 삼사결정(triclinic)이 있다.

결정계는 단위격자 내 원자의 개수에 따라 단순(simple, P, 1개), 체심(body centered, I, 2개), 저심(base centered, C, 2개), 면심(face centered, F, 4개)으로 다시 세분된다. 이런 기준으로 14개의 결정계가 나누어진 것이 Bravais 14 결정계이다.

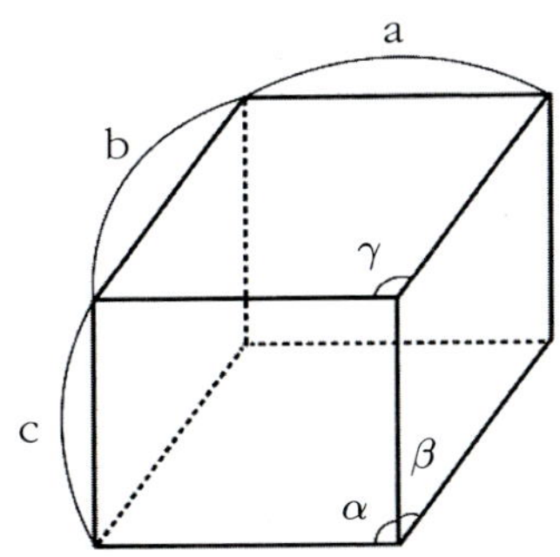

〈표 8-6〉 Bravais 14 결정계

종 류	특 성	형 태	예
입방결정	$a=b=c,\ \alpha=\beta=\gamma=90^\circ$	P, I, F	소금
정방결정	$a=b\neq c,\ \alpha=\beta=\gamma=90^\circ$	P, I	금홍석
사방결정	$a\neq b\neq c,\ \alpha=\beta=\gamma=90^\circ$	P, I, C, F	황산납
마름모결정	$a=b=c,\ \alpha=\beta=\gamma\neq 90^\circ$	R(=P)	방해석
육방결정	$a=b\neq c,\ \alpha=\beta=90^\circ,\ \gamma=120^\circ$	P	흑연
단사결정	$a\neq b\neq c,\ \alpha=\gamma=90^\circ\neq\beta$	P, C	단사황
삼사결정	$a\neq b\neq c,\ \alpha\neq\beta\neq\gamma\neq 90^\circ$	P	중크롬산칼륨

결정계의 구분은 X-선 회절(X-ray diffraction)분석을 통해 결정되며 그 이론적 배경이 Bragg의 법칙(Bragg's law)이다.

$$\text{Bragg 법칙 :}\quad n\cdot\lambda = 2d\cdot\sin\theta \tag{8.23}$$

여기서 λ 와 θ는 결정면에 조사(irradiation)하는 X-선의 파장과 입사각이며 d는 결정면간의 거리이다. n은 일반적인 정수(배)를 의미한다.

예제 8-4

파장이 3×10^{-10} m인 X-선을 30°의 입사각으로 결정면에 조사하였다. X-선 회절 무늬가 나타나는 결정면의 면간 거리를 2개만 계산하시오.

풀이 Bragg 법칙 식 (8.23)에서 n = 1, n = 2의 경우를 계산한다.

$$n\lambda = 2d \sin\theta \longrightarrow d = \frac{2\lambda}{2 \sin \theta}$$

n = 1 대입

$$d = \frac{\lambda}{2 \sin 30^\circ} = \frac{3 \times 10^{-10}\,\text{m}}{2(0.5)} = 3 \times 10^{-10}\,\text{m}$$

n = 2 대입

$$d = \frac{2\lambda}{2 \sin 30^\circ} = \frac{2(3 \times 10^{-10}\,\text{m})}{2(0.5)} = 6 \times 10^{-10}\,\text{m}$$

정답 : 3×10^{-10} m, 6×10^{-10} m

고체결정은 Bravais 14 결정계를 대칭성에 따라 세분하여 230개의 공간군(space group)으로 다시 구분한다. P1이 시작이며 Pn, ⋯, Pma2, ⋯, I 4 cm, ⋯, Fd3 m, ⋯ 마지막으로 Ia$\bar{3}$d가 있다.

고체결정은 이와 같이 단위격자의 형태로 구분하는 방법과 함께 격자점을 점유하고 있는 화학종에 따라 분류하는 방법이 있다. 즉 격자점을 이온이 차지하면 이온성고체, 분자의 경우는 분자성결정, 원자의 경우는 공유결합성고체, 금속 양이온의 경우는 금속이라고 한다. 이온성고체와 분자성고체와 공유결합성고체의 대표적 예로서는 소금, 드라이아이스, 다이아몬드를 각각 들 수 있다.

8.9.2 결정결함(crystal defect)

고체결정은 결정계에서 분류된 단위격자가 실제적으로 대부분 반복되지만 부분적으로는 비대칭적인 요소가 있다. 이와 같이 결정 내 국부적인 비규칙성 부분을 결정결함이라고 한다.

결정결함은 차원적으로 분류하여 점결함(point defect), 선결함(line defect), 그리고 면결함(plane defect)으로 구분한다. 점결함은 비규칙성의 실체가 공극(vacancy)이다. 규칙적인 원자들의 배열이 어느 부분에서 원자가 이탈되고 비어 있는 자리가 생긴 경우이다. 이온화합물에서 같은 크기의 반대 전하를 가진 두 이온이 각각의 자리에서 동일한 개수로 빠져 있는 경우가 대표적이다. 이온성고체 결정에서의 이런 이중공극(double vacancy)을 '쇼트키 결함(Schottky imperfection)'이라 한다. 또 다른 형태의 점결함은 이온화합물 결정에서 흔히 볼 수 있는 형태인데 1개의 이온이 제자리에서 벗어나 있는 경우이다. 전체적인 전하는 변화가 없으나 이온의 위치가 원래 자리에서 벗어나 있으므로 공극(vacancy)이 존재하는 형태이며 이를 '프렌켈 결함(Frenkel imperfection)'이라 한다.

선결함은 비규칙성의 실체가 어긋나기이며 이를 전위(dislocation)라고 한다.

전위는 규칙적인 원자들의 배열 중 비정상적 원자층이 끼어든 모서리전위(edge dislocation)와 원자배열의 방향에서 비정상적인 배열을 나타내는 나사전위(screw dislocation)이 있다.

Schottky 결함　　Frenkel 결함

[그림 8-3] **점결함의 공극(vacancy) 형태**

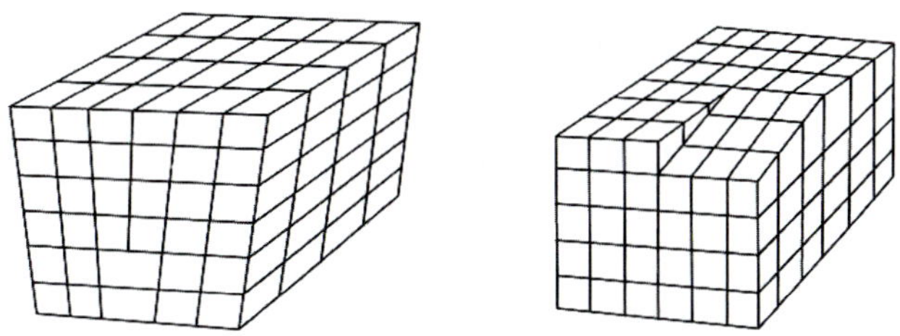

모서리전위　　나사전위

[그림 8-4] **선결함의 모서리전위와 나사전위**

면결함은 금속에서 흔히 볼 수 있으며 금속의 응고 중 조직 내 형성되는 결정립계가 대표적이다.

8.10 액정(Liquid Crystal)

고체상태의 물질을 가열하여 온도를 상승시키면 특정 물질에서는 고체상태와 액체상태의 물리적 성질을 동시에 가진 안정한 상태를 나타내는데, 이를 액정이라 한다. 액정은 분자구조가 부분적으로 규칙성과 불규칙성을 동시에 가진다.

분자구조상의 이런 특징과 질서도에 따라 액정은 네마틱(nematic), 스멕틱(smectic), 콜레스테릭(cholesteric)의 세 가지 형태가 있다.

네마틱은 액정분자들의 배열이 한쪽 방향으로는 규칙적이나 끝 부분이 무질서하고 스멕틱은 분자 말단의 배열까지 가지런한 구조이다. 콜레스테릭은 액정분자들의 배열이 평면적으로는 일정한 방향으로 질서정연하지만 다른 분자 배열 평면과는 방향적으로 서로 엇갈린(twisted) 구조이다.

액정은 분자구조상의 이런 3차원적 특성으로 인해 분자간 인력이 외부 자극에 매우 민감하다. 따라서 온도와 압력 등의 변화를 통한 변색이 용이하여 다양한 형태의 디스플레이(display) 소재로 이용되고 있다.

연습문제

1. 용액이란 무엇인가?

2. 일산화탄소의 TLV는 100 ppm이다. 비개방형 작업장의 공간이 30 m^3이라면 작업장 내 일산화탄소의 총 발생량은 몇 kg 이하이어야 하는가?

3. 소화설비용 이산화탄소 22 g이 10 m^3 크기의 구획실 내로 전역방출되었다. 구획실 내 이산화탄소의 농도는 몇 M인가?

4. 49 g의 인산(H_3PO_4)이 들어 있는 수용액의 부피가 2 L이다. 수용액의 산농도는 몇 N인가? (단, 인(P)의 몰질량은 31 g이며 인산은 100% 해리된다고 가정)

5. 이상용액이 무엇인가?

6. 1 kg의 물 속에 5.9 g의 소금을 첨가하였다. 〈표 8-2〉 및 〈표 8.3〉을 이용하여 어는점을 구하면 몇 ℃인가? (단, 소금의 몰질량은 59 g)

7. 불포화용액은 용해도곱 상수와 이온농도곱 중 어느 쪽이 더 큰 값을 가지는가?

8. $[Ca^{2+}] = 3 \times 10^{-2}$ M, $[OH^-] = 1.5 \times 10^{-2}$ M의 수산화칼슘($Ca(OH)_2$)수용액에서는 25℃에서 침전이 발생하겠는가? (〈표 8-4〉 참조)

9. 사방결정을 네 종류로 분류하면?

10. 고체결정 내 대표적인 점결함 두 가지를 예로 들어 보시오.

CHAPTER

9

산과 염기

9.1 산-염기 개념

산(acid)과 염기 (base)의 개념은 Arrhenius, Bronsted & Lowry, Lewis 등의 과학자들에 의해 세 가지로 표현된다.

〈표 9-1〉 산과 염기의 정의

	산(acid)	염기(base)
Arrhenius	H^+내어놓음	OH^-내어놓음
Bronsted & Lowry	H^+내어놓음	H^+받아들임
Lewis	전자쌍 받아들임	전자쌍 내어놓음

아레니우스와 브뢴스테드는 산의 개념에 대해 공통적으로 수용액 중에서 H^+ (hydrogen ion 또는 proton)의 농도를 증가시키는 물질이라고 규정한다. 그러나 Lewis는 전자쌍(electron pair)을 받아들이는 물질로 정의한다.

염기의 개념에 대한 정의는 외형적 표현이 모두 다르지만 실제적으로는 동일한 부분이 많으며 적용 대상의 폭에서 차이가 있다.

브뢴스테드 개념의 산과 염기를 흔히 B 산(B acid)과 B 염기(B base)라고 하며 루이스 개념의 산과 염기는 L 산(L acid)과 L 염기(L base)라고 한다.

$$HNO_3(\ell) + H_2O(\ell) \longrightarrow NO_3^-(aq) + H_3O(aq) \qquad (9.1)$$

$$BF_3 + :NH_3 \longrightarrow F_3BNH_3 \qquad (9.2)$$

식 (9.1)에서 HNO_3 분자는 반응과정에서 H^+를 제공함으로써 B 산이다. 또한 H_2O 분자는 H^+를 받음으로써 B 염기가 된다. 그러나 아레니우스 개념으로 보면 HNO_3는 산이지만 H_2O는 염기가 아니다.

식 (9.2)에서 BF_3 분자는 반응과정에서 전자쌍을 받고 NH_3 분자는 전자쌍을 내어준다. 그러므로 BF_3는 L 산이며 NH_3는 L 염기이다.

배위결합시 금속과 결합하는 리간드는 1개 이상의 비공유전자쌍을 금속에 제공하므로 결합을 형성한다. 그러므로 리간드는 전형적인 L 염기이며 금속은 L 산이다.

9.2 물의 자체이온화

물은 자연상태에서 일부 분자가 스스로 분해되는 자체이온화 과정이 진행된다. 이 과정이 물의 자체이온화 또는 자동이온화(autoionization)이다.

$$H_2O(\ell) \rightleftharpoons H^+(aq) + OH^-(aq) \tag{9.3}$$

$$K(\text{평형상수}) = \frac{[H^+][OH^-]}{[H_2O]} \tag{9.4}$$

$$K \cdot [H_2O] = K_w = [H^+][OH^-] \tag{9.5}$$

물의 자체이온화 반응의 평형상수와 물의 농도를 곱한 항을 물해리상수(dissociation constant), 물이온화상수(ionization constant), 또는 물이온곱상수(ion product constant)라고 하며 K_w로 나타낸다.

물의 자동이온화 과정은 전체 물분자 중에서 극히 일부분의 분자들에게서 진행되므로 물해리상수(K_w) 역시 매우 작은 값이다. 25℃에서의 K_w 값은 1×10^{-14}이며 온도에 비례하여 증가하지만 그 수치가 크지 않다.

$$K_w = [H^+][OH^-] = 1 \times 10^{-14} \tag{9.6}$$

K_w는 온도에 의존되는 상수이므로 일정한 온도에서는 수용액의 산성농도와 무관하며 독립적이다. 즉 수용액 속의 수소이온농도($[H^+]$)와 수산화이온농도($[OH^-]$)가 산성도에 따라 달라져도 두 이온농도의 곱인 K_w 값은 변하지 않는다.

즉 수용액이 중성일 경우에는 $[H^+]$와 $[OH^-]$가 동일하므로 각각의 농도는 1×10^{-7}M이다.

25℃, 중성의 경우

$$[H^+] = [OH^-] = 1 \times 10^{-7}M \tag{9.7}$$

25℃, 산성의 경우

$$[H^+] > [OH^-] \tag{9.8}$$

$$[H^+] > 1 \times 10^{-7}M,\ [OH^-] < 1 \times 10^{-7}M \tag{9.9}$$

25℃, 염기성의 경우

$$[H^+] < [OH^-] \tag{9.10}$$

$$[H^+] < 1 \times 10^{-7}M,\ [OH^-] > 1 \times 10^{-7}M \tag{9.11}$$

9.3 pH 척도(pH Scale)

pH는 수용액의 산성도(acidity)를 나타내는 척도이며 수용액 중 수소이용농도의 대수치로 표현한다.

$$pH = -\log[H^+] \tag{9.12}$$

수용액이 중성일 경우 $[H^+] = [OH^-] = 1 \times 10^{-7}M$이므로 pH는 7이다.

$$\text{중성} : pH = -\log[H^+] = -\log 10^{-7} = 7 \tag{9.13}$$

그러나 산성의 경우 $[H^+] > 1 \times 10^{-7}M$이므로 pH는 7보다 작아지고, pH수치가 1씩 감소하면 수소이온농도는 10배씩 증가하여 산성이 강해진다. 염기성의 경우에는 $[H^+] < 1 \times 10^{-7}M$이므로 pH는 7보다 크고, 1씩 증가할 때마다 수소이온농도가 $\frac{1}{10}$로 감소하므로 염기성은 10배 커지게 된다.

예제 9-1

어떤 합성계면활성제포 원액의 pH가 8.2이다.
이 수용액의 수소이온농도는 몇 M인가? (단, 25℃)

풀이 식 (9.2)를 이용한다.

$8.2 = -\log x$

$\longrightarrow 10^{x} = -8.2$

$\longrightarrow x = 6.3 \times 10^{-9}$

정답 : 6.3×10^{-9}M

pH와 유사한 표현법으로 pOH가 있다.

$$pOH = -\log[OH^{-}] \quad (9.14)$$

25℃의 경우에는 $K_w = 1 \times 10^{-14}$이므로 다음의 관계가 성립한다.

$$pH + pOH = 14 \ (25℃) \quad (9.15)$$

예제 9-2

2 g의 NaOH가 녹아 있는 25℃ 수용액 부피가 250 mL이다.
이 수용액의 pH는 얼마인가? (단, Na의 몰질량은 23 g이다)

풀이 먼저 NaOH 수용액의 몰농도(M)를 구한다.

$$\frac{2\text{ g NaOH}}{250\text{ mL 수용액}} = \frac{8\text{ g NaOH}}{1\text{ L 수용액}} = \frac{0.2\text{ mol NaOH}}{1\text{ L 수용액}} = 0.2\text{ M}$$

NaOH는 물속에서 100% 해리하므로 0.2 M NaOH 수용액의 경우 $[OH^{-}]$도 0.2M이 된다.
식 (9.14)에 대입한다.

$pOH = -\log[OH^{-}] = -\log 0.2 = 0.7$

식 (9.15)에 의해 pH를 구한다.

$pH = 14 - pOH = 14 - 0.7 = 13.3$

정답 : 13.3

수용액의 pH는 pH미터기(pH meter)를 통해 소수점 아래까지 측정할 수 있으며 pH시험지(pH paper)와 pH지시약(pH indicator)을 이용하여 대략적인 값을 확인할 수 있다.

〈표 9-2〉 pH지시약의 변색범위

종 류	변색범위(pH)	산 성	염기성
alizarin yellow	10.1～11.1	yellow	red violet
phenolphthalein	8.3～10.0	colorless	red
thymolblue(base)	8.0～9.6	yellow	red
cresol red	7.0～8.8	yellow	red
bromothymol blue	6.0～7.6	green	blue
methyl red	4.8～6.0	red	yellow
congo red	3.0～5.0	blue	red
methyl orange	3.2～4.4	red	yellow red
thymol blue(acid)	1.2～2.8	pink	yellow
malachite green	0.8～1.8	pale yellow	green

9.4 산과 염기의 세기

산과 염기가 강하다는 의미는 수용액 중에서 100% 해리되는 것을 말한다. 센 산(strong acid)과 센 염기(strong base)의 예로서 HCl과 NaOH가 있다.

$$100\ HCl \rightleftharpoons 100\ H^+(aq) + 100\ Cl^-(aq) \tag{9.16}$$

$$100\ NaOH \rightleftharpoons 100\ Na^+(aq) + 100\ OH^-(aq) \tag{9.17}$$

수용액 중에서 100% 해리되지 않는 산과 염기를 약산(weak acid)과 약염기(weak base)라고 한다. 약산과 약염기의 세기는 산해리상수(acid dissociation constant, K_a)와 염기해리상수(base dissociation constant, K_b)로 나타낸다. K_a와 K_b를 각각 일반적인 반응식으로 표현하면 다음과 같다.

$$HA + H_2O \rightleftharpoons H_3O^+(aq) + A^-(aq) \tag{9.18}$$

$$K_a = \frac{[H_3O^+][A^-]}{[HA]} \tag{9.19}$$

$$B + H_2O \rightleftharpoons BH^+(aq) + OH^-(aq) \tag{9.20}$$

$$K_b = \frac{[BH^+][OH^-]}{[B]} \tag{9.21}$$

〈표 9-3〉 수용액 중 산해리상수(K_a)와 염기해리상수(K_b), 25℃

산(acid)	K_a	염기(base)	K_b
CH_3COOH	1.7×10^{-5}	NH_3	1.8×10^{-5}
HCN	4.0×10^{-10}	CH_3NH_2	5.0×10^{-4}
HNO_2	4.5×10^{-4}	$(CH_3)_2NH$	7.8×10^{-4}
C_6H_6O	1.3×10^{-5}	C_5H_5N	1.5×10^{-9}
$C_7H_6O_2$	6.3×10^{-5}	C_6H_7N	4.8×10^{-10}

수용액에서는 K_a와 K_b는 K_w와 다음의 관계가 성립한다.

$$K_a \times K_b = K_w \tag{9.22}$$

예제 9-3

25℃, 0.1 M 암모니아 수용액의 pH는 얼마인가? (〈표 9-3〉 참조)

풀이 약염기 물질인 암모니아(NH_3)의 해리반응을 구성한다.

$$NH_3 + H_2O \rightleftharpoons NH_4^+ + OH^-$$

$$K_b = \frac{[NH^{+4}][OH^-]}{[NH_3]} = 1.8 \times 10^{-5}$$

$[OH^-]$를 x라 두면 $[NH_3] = 0.1 - x$이다.

그러나 암모니아는 약염기이므로 x는 매우 작은 값으로서 무시할 수 있다.

그러므로 $[NH_3]$는 약 0.1 M

$$K_b = \frac{[NH_4^+][OH^-]}{[NH_3]} = \frac{x^2}{0.1} = 1.8 \times 10^{-5}$$

$$\longrightarrow x_2 = 1.8 \times 10^{-6}$$
$$\longrightarrow x = 1.34 \times 10^{-3}\ M$$
$$\longrightarrow [OH^-] = 1.34 \times 10^{-3}\ M$$

25℃, 수용액이므로

$$[OH^-][H^+] = 1 \times 10^{-14}$$
$$\longrightarrow [H^+] = \frac{1 \times 10^{-14}}{[OH^-]} = \frac{1 \times 10^{-14}}{1.34 \times 10^{-3}} = 7.47 \times 10^{-12}$$

그러므로 $pH = -\log[H^+] = -\log(7.47 \times 10^{-12}) = 11.1$

정답 : 11.1

9.5 짝산과 짝염기

브뢴스테드 개념의 산과 염기는 수소이온(H^+)을 내어놓고 받음으로써 서로간 짝을 이룬다. 수용액 중에서 수소이온을 주고받는 B 산과 B 염기가 각각 짝산(conjugated acid)과 짝염기(conjugated base)이다.

$$\underset{\text{짝산}}{HCl} + \underset{\text{짝염기}}{H_2O} \rightleftharpoons \underset{\text{짝염기}}{Cl^-(aq)} + \underset{\text{짝산}}{H_3O^+(aq)} \tag{9.23}$$

짝(conjugation)은 반드시 산과 염기 사이에 형성되며 센 산은 약한 염기와 짝이 되고 센 염기는 약한 산과 짝을 이룬다.

9.6 적정(Titration)

산 또는 염기의 농도를 중화반응을 통해 실험적으로 결정하는 방법이 적정이다. 미지(unknown)농도 수용액의 부피를 측정한 후 유리기구에 담고, 여기에 알고 있는 농도의 반대되는 성질의 수용액을 첨가하여 중화될 때까지 소비된 적정액의 부피를 통해 농도를 알아내는 방법이다. 실험적인 오차를 줄이기 위해 적정은 뷰렛 속에 넣은 후 적정하고 중화점의 확인을 위해 페놀프탈레인 등의 지시약을 미지농도의 용액이 담긴 유리기구에 넣어준다.

적정에 적용되는 화학양론적 근거는 다음과 같다.

$$N_A \times V_A = N_B \times V_B \tag{9.24}$$

여기서 N_A와 N_B는 각각 산의 노르말농도와 염기의 노르말농도를, V_A와 V_B는 각각 산성 수용액의 부피와 염기성 수용액의 부피를 가리킨다.

식 (9.24)의 네 가지 항들 중 실험을 통해 3개를 밝힘으로써 나머지 농도를 결정하는 방법이 산-염기 적정법이다.

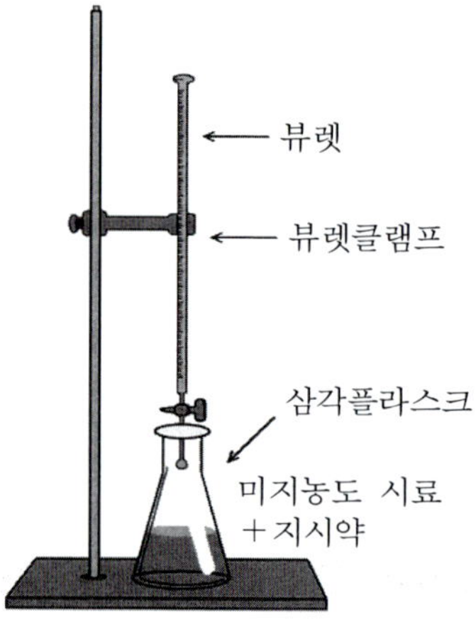

[그림 9-1] 적정장치

적정시 중화점 근방에서는 용액의 pH변화가 심하기 때문에 적정액을 한 방울씩(drop by drop) 투입하는 것이 필요하다. 산의 양과 염기의 양이 같아진 순간을 당량점(eguivalence point) 또는 종말점(end point)이라고 한다.

예제 9-4

미지농도의 100 mL 염기성 수용액을 적정하는 데 소비된 0.1 M 황산 수용액의 부피가 20 mL이다. 염기성 수용액의 농도는 몇 N인가?

풀이 황산은 센 산이며 산으로 작용하는 수소이온(H^+)이 황산분자 1개당 2개씩 발생되므로 황산분자 1 mol은 2당량이다.

$$N_A \times V_A = N_B \times V_B$$
$$\longrightarrow (0.2\ N) \times (20\ mL) = N_B \times (100\ mL)$$
$$\longrightarrow N_B = 0.04\ N$$

정답 : 0.04 N

9.7 선택 침전과 양이온 분리

여러 종류의 양이온이 용해된 수용액의 pH를 변화시키면 인위적인 침전반응을 통해 특정 이온만을 용액 속에 남기거나 분리해 낼 수 있다. 이 방법은 난용성 염들 중 OH^- 이온이 들어 있는 금속수산화물 수용액이 주된 대상이나 그 밖의 난용성 염도 불가능한 것은 아니다.

〈표 8-4〉에서 $Fe(OH)_2$와 $Mg(OH)_2$의 K_{sp}는 각각 2×10^{-15}와 7.1×10^{-12}이다. 이 두 물질이 녹아 있는 수용액에서 용해도가 상대적으로 낮은 $Fe(OH)_2$를 침전 석출시키기 위한 용액의 pH를 알아보자.

25℃ 수용액 속의 금속 양이온의 농도는 모두 동일하게 0.1 M로 가정한다면 용해도곱상수의 구성과 두 물질의 침전시 $[OH^-]$는 다음과 같다.

먼저 $Fe(OH)_2$의 침전 조건을 알아보자.

$$Fe(OH)_2(s) \rightleftharpoons Fe^{2+}(aq) + 2\,OH^-(aq) \tag{9.25}$$

$$\begin{aligned} K_{SP} &= [Fe^{2+}][OH^-]^2 = [0.1][OH^-]^2 = 2\times10^{-15} \\ &\longrightarrow [OH^-]^2 = 2\times10^{-14} \\ &\longrightarrow [OH^-] = 1.4\times10^{-7} \\ &\longrightarrow pOH = -\log(1.4\times10^{-7}) = 6.9 \\ &\longrightarrow pH = 14 - pOH = 7.1 \end{aligned} \tag{9.26}$$

즉 $Fe(OH)_2$는 수용액 중 OH^-이온의 농도가 1.4×10^{-7}M을 넘는 영역에서 이온농도곱이 K_{sp}보다 큰 값을 가지므로 침전이 진행된다. 즉 $[OH^-]$의 한계치를 pH로 나타내면 7.1보다 큰 영역을 의미한다.

또한 $Mg(OH)_2$에도 동일한 방법을 적용해 보자.

$$Mg(OH)_2(s) \rightleftharpoons Mg^{2+}(aq) + 2\,OH^-(aq) \tag{9.27}$$

$$\begin{aligned} K_{sp} &= [Mg^{2+}][OH^-]^2 = [0.1][OH^-]^2 = 7.1\times10^{-12} \\ &\longrightarrow [OH^-]^2 = 0.71\times10^{-10} \\ &\longrightarrow [OH^-] = 0.84\times10^{-5} \\ &\longrightarrow pOH = -\log(0.84\times10^{-5}) = 5.1 \\ &\longrightarrow pH = 14 - pOH = 8.9 \end{aligned} \tag{9.28}$$

즉 $Mg(OH)_2$는 OH^- 이온의 농도가 0.84×10^{-5} M보다 큰 경우(pH가 8.9보다 큰 경우) 침전이 진행된다.

그러므로 $Fe(OH)_2$의 형태로 수용액 중의 OH^- 이온이 침전 분리되면서 $Mg(OH)_2$는 용액 중에 남아 있는 pH 조건은 7.1보다 크고 8.9 이하의 영역이다.

이와 같이 난용성 염이 녹아 있는 수용액의 pH를 조절함으로써 특정 양이온을 용액으로부터 분리하는 방법을 선택 침전에 의한 양이온 분리라고 한다.

연습문제

1. B base가 무엇인가?

2. 리간드는 산인가? 염기인가?

3. 인체 내 위산은 염산성분이며 pH는 2 정도이다. 수소이온농도는 몇 M인가?

4. 3번의 경우 25℃에서 OH^- 이온의 농도는 몇 M인가?

5. 산성에서는 무색이나 염기성에서 붉은색을 나타내는 지시약은?

6. 〈표 9-3〉을 이용하여 수용액 중 암모니아의 산해리상수를 계산하라. (25℃)

7. 0.15 M CH_3COOH와 0.5 M CH_3COONa로 구성된 완충용액의 pH는 얼마인가?

8. 센 산인 H_2SO_4 4.9 g이 녹아 있는 500 mL 수용액을 적정액으로 사용한다. 미지농도의 염기성 수용액 40 mL를 중화시키는 데 25 mL의 적정액이 소비되었다. 미지농도는 몇 N인가? (단, H_2SO_4의 몰질량은 98 g)

9. 25℃, $Zn(OH)_2$ 수용액 내 Zn^{2+} 이온농도는 0.01 M이다. pH = 8.5에서 $Zn(OH)_2$의 침전이 발생하겠는가? (〈표 8-4〉 참조)

10. 25℃ 물속에 $Cu(OH)_2$와 $Ca(OH)_2$가 용해되어 있다. 금속 양이온농도는 모두 0.01 M이다. $Cu(OH)_2$만을 침전시킬 pH 조건은? (〈표 8-4〉 참조)

CHAPTER

10 산화와 환원

산화반응(oxidation)과 환원반응(reduction)은 연소반응과 인체의 노화작용뿐 아니라 인간의 삶 전반에 걸쳐 적용되는 분야가 가장 광대한 화학반응의 형태이다. 산소원자의 결합과 이탈, 수소원자의 분리와 부가, 전자의 이탈과 부착 등의 특징적 현상이 수반되는 반응이며 대부분 산화반응과 환원반응이 한 반응으로 동시에 진행되는 특징이 있다.

한 반응 내에서 어떤 물질이 산화되고 어떤 물질이 환원되는지는 산화수(oxidation number)의 변화로써 규정한다. 즉 반응의 진행에 따라 산화수가 증가하는 원자는 산화된 것이며 산화수가 감소하는 원자는 환원반응이 진행된 결과이다.

화재경보에 사용되는 일부 연기감지기(smoke detector)는 산화환원 반응에 의해 전기적 신호가 발생하는 원리를 이용한다.

10.1 산화수(Oxidation Number)

산화수는 다양한 화학종 내 구성 원자들의 산화상태를 나타내는 수치이며 그 값의 변화는 산화반응과 환원반응을 구분하는 기준이 된다.

각 원자의 산화수는 다음과 같은 원칙에 의해 결정된다.

1. 단원자분자(원소)와 단체의 산화수는 0이다.
2. 화합물 내 모든 원자의 산화수를 합한 값은 0이다.
3. 과산화물을 제외한 화합물 내 산소원자의 산화수는 -2이다.
   (H_2O_2에서 산소의 산화수는 -1)
4. 금속화합물을 제외한 화합물 내 수소원자의 산화수는 $+1$이다.
   (금속과 결합된 수소는 -1이다)
5. 이온을 구성하는 모든 원자들이 산화수 합은 이온의 전하와 같다.

예제 10-1

다음 화학종 내 밑줄 친 원자의 산화수는?

a) $\underline{S}_8$ b) $\underline{C}O_2$ c) $\underline{H}_2O$ d) $Ca\underline{H}_2$ e) $\underline{N}H_4^+$ f) $\underline{Cr}_2O_7^{2-}$

풀이 a) 단체이므로 0이다.
b) 일반적인 화합물이므로 O는 −2, 합이 0이므로 C는 +4
c) 금속화합물이 아니므로 H는 +1
d) 금속화합물이므로 H는 −1
e) 금속화합물 아니므로 H는 +1, 4개의 H와 N의 합이 +1이므로 N은 −3
f) 7개 산소(−2)와 2개 크롬의 산화수 합이 −2이므로 Cr은 +6

정답 : a) 0 b) +4 c) +1 d) −1 e) −3 f) +6

10.2 산화제와 환원제

산화제(oxidizing agent, oxidant)는 화학반응에서 상대 반응물을 산화시키며 자신은 환원되는 물질이다. 그러나 환원제(reducing agent)는 그 반대이다. 산화제는 위험물질 분류에서 고체상은 제1류, 액체상은 제6류로 규정한다. 산화제와 환원제는 큰 반응열로 인한 연소위험과 독성으로 인한 인체 위험성이 상대적으로 큰 물질들이다. 히드라진(N_2H_4)은 강한 환원제인데 자체 연소성이 매우 크고 TLV가 1 ppm 정도로 독성이 강하다.

$$\underset{0}{\underline{Fe}(s)} + \frac{1}{2}\underset{0}{\underline{O_2}(g)} \longrightarrow \underset{+2,\ -2}{\underline{Fe}\,\underline{O}\,(s)} \tag{10.1}$$

식 (10.1)에서 반응물질인 Fe 원자와 O_2 분자 내 산소원자는 산화수가 모두 0이다. 그러나 생성물에서는 산화수가 각각 +2와 −2로서 산화수의 변화가 있다.

즉 Fe 원자는 산화수가 증가하였고(산화되었고) O 원자는 감소하였다(환원되었다). 그러므로 이 반응에서 반응물 O_2는 Fe를 산화시켰으므로 산화제이며 Fe는

O_2를 환원시켰으므로 환원제이다.

이와 같이 연소반응은 가연물이 환원제의 역할이며 산소기체는 산화제의 역할이다. 금속 광물의 제련시 환원제로 사용되는 코크스는 탄소 덩어리이며 철판의 산세척(pickling) 공정에는 산화제로서 염산과 같은 강한 무기산(inorganic acid)이 이용된다.

10.3 전극반응과 전위

전극(electrode)은 일반적으로 금속과 그 금속 이온이 접촉하여 산화반응 또는 환원반응이 진행되는 것을 말한다. 전극은 재질이 비금속도 가능하지만 전자의 이동에 필요한 통로는 반드시 있어야 한다.

전극에서 진행되는 화학반응이 전극반응이며 산화반응과 환원반응의 두 형태가 있다. 전극의 명칭 역시 산화반응이 진행되는 산화전극(anode)과 환원반응이 진행되는 환원전극(cathode)이 있다.

$$Zn(s) \longrightarrow Zn^{2+}(aq) + 2\,e^- \qquad (10.2)$$

$$Cu^{2+}(aq) + 2\,e^- \longrightarrow Cu(s) \qquad (10.3)$$

아연전극은 아연의 산화수가 반응 전후를 통해 +2 증가하였으므로 산화전극이다. 그러나 구리전극은 산화수가 +2에서 0으로 2 감소하였으므로 환원전극이다. 식 (10.2)와 식 (10.3)에 표현된 e^-는 산화-환원반응에 관여하는 전자를 의미한다.

화학반응이 일어나기 쉬운 정도를 반응용이성이라 하며 화학전위(chemical potential, μ)로 표현한다. 전극반응 역시 반응의 용이성은 화학전위와 동일한 의미로서 전극전위(electrode potential, E)로 나타낸다.

모든 전극들의 전극전위값은 25℃ 1기압에서 환원반응 형태로 표현된 전극전위로 비교할 수 있으며 이를 표준환원전위(E°)라고 한다.

〈표 10-1〉 전극의 표준환원전위(E°)

전극반응	E°(V)
$F_2(g) + 2e^- \longrightarrow 2F^-(aq)$	+2.87
$MnO_4^-(aq) + 8H^+(aq) + 5e^- \longrightarrow Mn^{2+}(aq) + 4H_2O(\ell)$	+1.51
$Cr_2O_7^{2-}(aq) + 14H^+(aq) + 6e^- \longrightarrow 2Cr^{3+}(aq) + 7H_2O(\ell)$	+1.33
$O_2(g) + 4H^+(aq) + 4e^- \longrightarrow 2H_2O(\ell)$	+1.23
$Ag^+(aq) + e^- \longrightarrow aq(s)$	+0.80
$Fe^{3+}(aq) + e^- \longrightarrow Fe^{2+}(aq)$	+0.77
$Cu^{2+}(aq) + 2e^- \longrightarrow Cu(s)$	+0.34
$2H^+(aq) + 2e^- \longrightarrow H_2(s)$	0
$Ni^{2+}(aq) + 2e^- \longrightarrow Ni(s)$	−0.28
$Fe^{2+}(aq) + 2e^- \longrightarrow Fe(s)$	−0.44
$Zn^{2+}(aq) + 2e^- \longrightarrow Zn(s)$	−0.76
$Al^{3+}(aq) + 3e^- \longrightarrow Al(s)$	−1.66
$Na^+(aq) + e^- \longrightarrow Na(s)$	−2.71
$Li^+(aq) + e^- \longrightarrow Li(s)$	−3.05

〈표 10-1〉에서 전극반응의 상대적 위치와 전위값은 큰 의미를 가진다. 두 전극반응의 비교시 상대적으로 위쪽의 전극반응이 환원전극이 되고 아래쪽은 산화전극이 된다. 즉 위쪽으로 올라갈수록(전극전위가 +값으로 클수록) 환원성이 커지나 아래쪽은 내려갈수록(전극전위가 −값으로 클수록) 산화성이 상대적으로 강하다.

표준환원전위의 기준은 수소전극이며 이를 표준수소전극(stand hydrogen electrode, SHE) 또는 수소표준전극(hydrogen standard electrode, SHE)이라고 한다. 표준수소전극은 수소기체의 압력을 1기압으로 맞추고 수용액 중 수소이온농도를 1 M로 유지해야 하는 번거로움과 사용상의 불편함이 있다. 그래서 실제로 전극들의 표준환원전위값은 사용이 간편한 참조전극(reference electrode)을 통해 실험적으로 결정한다.

표준상태가 아닌 온도에서의 전극전위는 표준환원전위와 약간의 차이가 있으며 전극이 접촉하고 있는 전해질 용액의 농도와 온도 그리고 전극반응에 참여하는 전자 개수에 따라 달라진다.

비표준상태에서의 전극전위를 계산하는 식이 네른스트식(Nernst equation)이다.

$$E = E^{\circ} - \frac{R \cdot T}{n \cdot F} \ln \frac{a_{생}}{a_{반}} \quad (10.4)$$

$$E = E^{\circ} - \frac{0.0591}{n} \log \frac{a_{생}}{a_{반}} \quad (25℃) \quad (10.5)$$

식 (10.4)와 식 (10.5)에서의 a는 활동도(activity)를 나타내는 표현이며 전극반응에 참여한 전해질 내 이온의 실제적인 농도를 의미한다. R은 기체상수이며 n은 전극반응에 참여한 전자의 개수이다. F는 Faraday 상수이며 1몰(mol)당 전하량의 크기로 표현한다.

$$1\ F = 96485\ C/mol = 96485\ J/V \cdot mol \quad (10.6)$$

예제 10-2

식 (10.2)와 식 (10.3), 〈표 10-1〉을 참고하여 20℃에서의 아연과 구리의 전극전위를 계산하시오. 단 이온 농도는 모두 0.1 M이다.

풀이 Zn 전극반응을 Nernst 식에 대입한다.

$$E_{Zn} = -0.76\ V - \frac{(8.314\ J \cdot K^{-1} \cdot mol^{-1})(293\ K)}{2(96485\ J \cdot V^{-1} \cdot mol^{-1})} \ln \frac{0.1}{1} = -0.73\ V$$

※ 고체 금속의 농도는 1로 본다.

Cu 전극반응을 Nernst 식에 대입한다.

$$E_{Cu} = 0.34\ V - \frac{(8.314\ J \cdot K^{-1} \cdot mol^{-1})(293\ K)}{2(96485\ J \cdot V^{-1} \cdot mol^{-1})} \ln \frac{1}{0.1} = 0.31\ V$$

정답 : −0.73 V, 0.31 V

10.4 전지와 기전력

전지(cell)는 화학전지(chemical cell)의 줄인 말이며 2개의 전극을 연결하여 전기적인 에너지를 발생시키는 장치이다. 한 쌍의 전극, 즉 산화전극과 환원전극이 짝을 이룬 형태이므로 배터리(battery)라고도 한다. 따라서 각각의 전극은 반쪽전지(half cell)이다.

전지에서 발생되는 전기적인 에너지를 기전력(electromotive force, emf)이라 하며 그 크기는 두 전극전위의 차이다.

$$\text{기전력(emf)} = \text{환원전극전위}(E_{cat.}) - \text{산화전극전위}(E_{anod.}) \qquad (10.7)$$

예제 10-3

[예제 10-2]의 구리전극과 아연전극을 한 쌍으로 한 화학전지를 구성한다면 기전력은 몇 V인가?

풀이 전극반응에서 구리전극은 환원반응(식 10.3)이 진행되므로 환원전극이며 아연전극은 산화반응(식 10.2)이 진행되므로 산화전극이다.
그러므로

$$\text{기전력} = 0.31\text{ V} - (-0.73\text{ V}) = 1.04\text{ V}$$

정답 : 1.04 V

전지를 표현하는 간단한 방법은 전극과 전극 사이에 세로 줄 2개를, 금속과 금속이온 사이에는 세로 줄 1개로 구분하고, 괄호 속에 이온농도를 표기하면 된다.

$$(+)\ Cu(s)\,|\,Cu^{2+}(0.1\text{ M})\,||\,Zn^{2+}(0.1\text{ M})\,|\,Zn(s)\ (-) \qquad (10.8)$$

화학전지는 배터리와 전기분해조에 포괄적으로 사용되는 용어이나 좁은 의미로는 화학적 에너지를 전기적 에너지로 변환시키는 배터리만을 한정한다. 배터리에서는 항상 환원전극(cathode)이 (+)극이 되고 산화전극(anode)이 (−)극이다.

일상생활에 사용되는 전지는 건전지(dry cell), 납축전지(lead battery), 니켈-

카드뮴 전지(Nicad battery), 리튬이온전지(Lithium ion battery) 등이 있으며 두 전극의 재질은 같으나 농도차를 이용한 농도전지(concentration cell)도 있다.

건전지는 알칼리전지(alkaline battery)를 가리키며 재충전(rechargeable)할 수 없는 1차전지(primary battery)이다.

$$\text{환원전극}: 2\,MnO_2(s) + 2\,H_2O(\ell) + 2\,e^- \longrightarrow 2\,MnO(OH)(s) + 2\,OH^-(aq) \quad (10.9)$$

$$\text{산화전극}: Zn(s) + 2\,OH^-(aq) \longrightarrow Zn(OH)_2(s) + 2\,e^- \quad (10.10)$$

납축전지는 자동차용으로 많이 사용되며 재충전이 가능한 2차전지(secondary battery)이다.

$$\text{환원전극}: PbO_2(s) + HSO_4^-(aq) + 3\,H^+(aq) + 2\,e^- \longrightarrow PbSO_4(s) + 2\,H_2O(\ell) \quad (10.11)$$

$$\text{산화전극}: Pb(s) + HSO_4^-(aq) \longrightarrow PbSO_4(s) + H^+(aq) + 2\,e^- \quad (10.12)$$

니켈-카드뮴 전지는 니카드전지라고 하며 작은 부피로 재충전이 가능하여 소형 전자제품에 널리 이용된다.

$$\text{환원전극}: 2\,NiO(OH)(s) + 2\,H_2O(\ell) + 2\,e^- \longrightarrow 2\,Ni(OH)_2(s) + 2\,OH^-(aq) \quad (10.13)$$

$$\text{산화전극}: Cd(s) + 2\,OH^-(aq) \longrightarrow Cd(OH)_2(s) + 2\,e^- \quad (10.14)$$

리튬이온전지는 기전력이 3.7 V로 높고 재충전이 가능하며 단위 부피당 에너지 밀도가 가장 큰 전지이다. 그러므로 카메라, 노트북, 하이브리드 자동차 등에 널리 이용되고 있다

이 밖에도 산화-환원 반응을 이용한 전지로 연료전지(fuel cell)가 있다. 연료전지는 다양한 형태가 있으나 수소연료전지(hydrogen fuel cell)와 메탄올연료전

지(direct methanol fuel cell, DMFC)가 대표적이다.

수소연료전지

환원전극 : $O_2(g) + 4\,H^+ + 4\,e^- \longrightarrow 2\,H_2O(\ell)$ (10.15)

산화전극 : $2\,H_2(g) \longrightarrow 4\,H^+ + 4\,e^-$ (10.16)

수소연료전지는 양성자(proton)를 양 극판 사이의 반투막을 통해 주고받음으로써 PEM(proton exchange membrane) 방식이라고도 한다.

메탄올연료전지

환원전극 : $\frac{3}{2}\,O_2(g) + 6\,H^+ + 6\,e^- \longrightarrow 3\,H_2O$ (10.17)

산화전극 : $CH_3OH(\ell) + H_2O(g) \longrightarrow CO_2(g) + 6\,H^+ + 6\,e^-$ (10.18)

10.5 전기분해와 도금

전기분해(electrolysis)는 전기에너지를 이용하여 화학적 분해반응을 진행시키는 것이다. 전기분해반응이 진행되는 전기화학반응조를 전기분해조 또는 전해전지(electrolytic cell)라고 한다. 용융염의 전기분해에서 발생한 Na^+이온과 Cl^-이온은 각각 환원전극과 산화전극에서 다음과 같은 반응을 통해 Na(s)와 $Cl_2(g)$를 생성한다.

환원전극 : $2\,Na^+(\ell) + 2\,e^- \longrightarrow 2\,Na(\ell)$ (10.19)

산화전극 : $2\,Cl^-(\ell) \longrightarrow Cl_2(g) + 2\,e^-$ (10.20)

도금(electroplating)은 전기분해의 특별한 형태로서 전극자체가 활성화된다. 즉 전기분해조의 가동에 따라 산화전극이 이온화되어 환원전극에 얇은 피막을 형성한다. 도금의 원리는 순도가 낮은 구리로부터 고순도의 구리를 얻는 방법에도 적용된다. 이 경우 산화전극으로 사용된 저순도 구리는 전기분해조의 가동에 따라 점차 부피가 줄어들지만 환원전극으로 사용된 고순도 구리전극은 그 부피가 점차 커진다.

10.6 부식과 방식

부식(corrosion)은 저절로 진행되는 아주 느린 산화반응이며 대표적인 예가 철의 녹(rust)이다. 철의 녹은 산화철(Ⅲ)수화물로서 공기 중 산소기체와 철이 산화되어 생성된 Fe^{2+}이온이 물과 산소와 다시 반응하여 생긴 것이다.

$$2\,Fe(s) \longrightarrow 2\,Fe^{2+}(aq) + 4\,e^- \qquad (10.21)$$

$$O_2(g) + 4\,H^+(aq) + 4\,e^- \longrightarrow 2\,H_2O \qquad (10.22)$$

$$4\,Fe^{2+}(aq) + O_2(g) + 4\,H_2O \cdot 2\,nH_2O(\ell) \longrightarrow 2\,Fe_2O_3 \cdot nH_2O(s) + 8\,H^+ \qquad (10.23)$$

금속의 부식을 방지하는 인위적 조작이 방식이다. 방식은 다양한 방법이 가능하지만 크게 두 가지 형태가 있다. 그 첫째는 금속을 산소기체와 수분의 접촉으로부터 차단하는 방법이다. 즉 산화제와의 접촉을 피하기 위해 금속 표면에 피막을 형성하는 것이다. 이것은 도료피막, 도금, 산화피막형성 등 여러 방법이 가능하다.

둘째는 희생양극(sacrificial anode)을 이용하는 방법이다. 철의 산화를 방지하기 위해 철보다 산화성이 더 큰 아연금속을 철과 접촉시켜 두는 방법이다. 그러면 아연 금속 덩어리가 모두 산화(이온화)되어 없어지기 전까지는 금속의 산화가 진행되지 않는 원리이다. 땅 속에 매설된 대규모 파이프라인 중간에 아연판을 연결하여 함께 묻어 두는 것이 대표적인 예이다.

연습문제

1. 다음 화학종 내 밑줄 친 원자의 산화수를 결정하시오.

a) $Be\underline{H}_2$ b) $\underline{Mn}O_4^-$ c) $\underline{O}_2$ d) $\underline{K}^+$ e) $NaH\underline{C}O_3$

2. 산화제는 화학반응의 진행에 따라 산화수가 어떻게 변하는가?

3. 25℃, 1기압에서 다음 전극의 전극전위는 몇 V인가?
(단, $[Al^{3+}] = 0.01$ M, $E°_{Al} = -1.66$ volt)

$$Al^{3+}(aq) + 3\,e^- \longrightarrow Al(s)$$

4. 17℃, 다음 전지의 기전력은 몇 volt인가?

$$Cu(s)|Cu^{2+}(0.1\text{ M})||Ni^{2+}(0.1\text{ M})|Ni(s)$$

5. 은(Ag)전극과 소듐(Na)전극으로 구성된 전지에서 산화전극은? (〈표 10-1〉 참조)

6. 구리전극과 니켈전극으로 구성된 전기분해조를 가동시 전극의 부피가 증가하는 전극은?

7. 건전지의 산화전극반응은?

8. 수소연료전지의 환원전극반응은?

9. 위험물질 분류에서 환원성이 가장 큰 물질은 어느 것인가?

10. 아연관의 부식을 방지하기 위해 구리는 희생양극이 될 수 있는가? (〈표 10-1〉 참조)

CHAPTER

11 에너지와 열화학

11.1 에너지 보존(Conservation of Energy)

에너지는 일을 할 수 있는 능력이다. 에너지의 단위는 SI 단위로서 J(Joule)이 있으며 $kg \cdot m^2 \cdot sec^{-2}$의 차원을 가진다. 관습단위로는 칼로리(Cal)가 대표적이며 J과는 다음과 같은 환산인자를 가진다.

$$1\,J = 0.24\,cal \tag{11.1}$$

에너지는 물질의 변화과정을 통해 스스로 생겨나거나 소멸되지 않는다. 이것이 에너지 보존의 법칙(The law of conservation of energy)이다. 연소과정에서 발생되는 큰 열량도 반응물과 생성물이 가진 총 열량의 차이일 뿐이다. 화염을 통한 뜨거운 열의 발산은 에너지의 손실이 아니라 에너지의 분포와 형태가 달라진 것이다. 화학반응에 수반된 에너지는 여러 형태가 있으나 반응의 총열량은 변화가 없다.

11.1.1 계(system)

에너지 보존의 법칙은 일정한 범위를 대상으로 한다. 인간의 사고와 관심의 대상이 계이다. 계는 경계(boundary)로 구분된 인간의 관심영역이며 경계를 통해 주위(surrounding)와 분리된다. 즉 우주는 계와 경계와 주위로 구성된다.

계는 열린계(open system), 닫힌계(closed system), 고립계(isolated system)로 나누어진다. 이것은 각각 경계를 통해 물질과 에너지의 출입이 자유로운 계, 물질의 출입은 불가능하나 에너지의 출입은 자유로운 계, 물질과 에너지 모두 출입이 불가능한 계를 가리킨다. 보편적인 관점에서의 계는 대부분 닫힌계를 의미하며 고립계는 이론적으로 가능하나 실제적으로는 존재하지 않는 계이다. 화학반응도 계이며 반응에 수반되는 열량의 이동도 계의 에너지 변환으로 설명된다. 계와 관련된 에너지 형태는 여러 종류가 있으나 열역학과 관련된 에너지는 일(work)과 내부에너지(internal energy)가 대표적이다.

11.1.2 에너지 위기(energy crisis)

에너지 위기는 에너지 자체의 고갈이 아니다. 에너지는 보존되므로 고갈되지 않는다. 다만 사용가능한 에너지의 고갈일 뿐이다. 에너지의 사용가능 여부는 인간의 에너지 사용과 생존에 직접적인 영향을 끼친다. 화재현장에서 발생되는 큰 열에너지는 공기 중으로 확산되어 회수가 불가능하다. 이와 같이 에너지는 사용가능한 고급 에너지와 사용이 불가능한 하급 에너지로 구분된다.

에너지의 사용가능성을 나타내는 척도가 엔트로피(entropy)이다. 엔트로피는 '무질서도(randomness)'를 의미하는 용어이지만 에너지를 평가할 수 있는 척도이다. 왜냐하면 자연계에서 저절로 진행되는 모든 자발적 과정(spontaneous process)은 모두 엔트로피가 증가하는 쪽으로 진행되기 때문이다. 그러므로 엔트로피가 낮은 에너지가 고급 에너지이며 엔트로피가 높은 에너지는 그 크기는 동일하더라도 인간이 사용할 수 없는 에너지이다.

이와 같이 엔트로피가 큰 에너지들이 양산되는 상태를 '엔트로피 공해(entropy pollution)'라고 한다. 즉 에너지 위기는 엔트로피 공해현상이다.

11.2 반응열(Enthalpy of Reaction)

화학반응의 진행에 수반된 계의 열량 변화가 반응열이다. 반응열은 화학반응의 속도에 독립적이며 그 크기는 일정하다. 반응열은 생성물이 가진 총 열량과 반응물의 총 열량 사이의 차이를 의미하며 화학반응의 진행에 따라 외부로부터 에너지를 받아들이는 흡열반응(endothermic reaction)과 에너지를 주위로 방출하는 발열반응(exothermic reaction)으로 구분된다.

$$\text{반응열}(\Delta H) = \text{생성물 총 열량}(H_{\text{생}}) - \text{반응물 총 열량}(H_{\text{반}}) \quad (11.2)$$

그러므로 흡열반응은 반응열(ΔH)의 부호가 양(+)이나 발열반응은 음(−)의 부호를 나타낸다.

11.2.1 표준생성엔탈피(ΔH°_f)

25℃, 1기압의 표준상태에서 분자 1몰이 원자로부터 생성되는 과정에 수반되는 에너지가 표준생성엔탈피(ΔH°_f)이다. 원소와 단체의 경우에는 상태에 따라 그 값이 0이지만 화합물은 각각 고유한 값을 가진다.

〈표 11-1〉 표준상태에서의 생성엔탈피(ΔH°_f)

물 질	ΔH°_f (kJ/mol)	물 질	ΔH°_f (kJ/mol)
$H_2(g)$	0	$Fe_2O_3(s)$	−824.2
Li(s)	0	FeS(s)	−100.0
Li(g)	159.37	CuO(s)	−157.3
Na(s)	0	$CuCl_2(s)$	−220.1
Na(g)	107.32	$CuSO_4(s)$	−771.36
NaOH(s)	−425.61	AgCl(s)	−127.07
NaCl(s)	−411.15	$Al_2O_3(s)$	−1675.7
$Na_2SO_4(s)$	−1387.08	C(s)	0
$NaHSO_4(s)$	−1125.5	C(g)	716.682
KOH(s)	−424.76	$CH_4(g)$	−74.81
KCl(s)	−436.75	$C_2H_4(g)$	52.26
$KMnO_4(s)$	−837.2	$C_2H_6(g)$	−84.68
$K_2Cr_2O_7(s)$	−1403.7	$C_3H_8(g)$	−103.85
Mg(s)	0	$C_6H_6(\ell)$	49.03
Mg(g)	147.70	CO(g)	−110.52
MgO(s)	−601.70	$CO_2(g)$	−393.51
$MgSO_4(s)$	−1284.9	$CH_3OH(\ell)$	−238.66
$CaH_2(s)$	−186.2	$C_2H_5OH(\ell)$	−277.69
CaO(s)	−635.09	NO(g)	90.25
CaS(s)	−482.4	$NO_2(g)$	33.18
$CaCl_2(s)$	−795.8	$O_2(g)$	0
$CaCO_3(s)$	−1206.92	$O_3(g)$	142.7
$CaSO_4(s)$	−1434.11	$H_2O(g)$	−241.82
$TiCl_4(\ell)$	−804.2	$H_2O(\ell)$	−285.83
Fe(s)	0	$H_2S(g)$	−20.63
Fe(g)	416.3	$SO_2(g)$	−296.83
FeO(s)	−266.27	Ne(g)	0

표준생성엔탈피로부터 화학반응의 반응열을 계산할 수 있다.

$$\text{반응열}(\Delta H) = \sum\text{생성물의 } \Delta H^\circ_f - \sum\text{반응물의 } \Delta H^\circ_f \ (25℃) \qquad (11.3)$$

식 (11.3)은 〈표 11-1〉을 이용하여 반응열을 계산한다.

예제 11-1

25℃, 1기압하에서 1몰의 프로페인(propane) 연소시 반응열은?

풀이 먼저 프로페인의 연소반응에 대한 반응식을 구성한다.

$$C_3H_8(g) + 5\,O_2(g) \longrightarrow 3\,CO_2(g) + 4\,H_2O(g)$$

식 (11.3)과 〈표 11-1〉을 이용하여 계산한다.

$$\Delta H = 3(-393.51) + 4(-241.82) - (-103.85) - 5(0)$$
$$= -2043.96 \text{ kJ/mol}$$

정답 : -2043.96 kJ/mol

11.2.2 결합에너지(bond energy, B.E)

분자를 구성하는 원자들 사이의 에너지가 결합에너지이다. 결합에너지는 원자들 간의 결합강도에 비례하며 그 값이 클수록 결합을 깨뜨리는 데 필요한 에너지는 증가한다. 결합에너지는 결합엔탈피(bond enthalpy)라고도 하며 화학반응의 반응열을 계산하는 데 유용하다.

$$\text{반응열}(\Delta H) = \sum\text{반응물의 B.E} - \sum\text{생성물의 B.E} \qquad (11.4)$$

결합에너지는 결합길이의 변화로 인해 평균값으로 표현한다.

〈표 11-2〉 평균 결합에너지(B.E)의 크기

결합의 종류	B.E(kJ/mol)	결합의 종류	B.E(kJ/mol)
C−C	348	H−H	436
C=C	614	H−Cl	431
C≡C	839	H−Br	366
C−H	413	O−H	463
C−Cl	328	O−O	146
C−O	358	O=O	495
C=O	799	S−H	339
C≡O	1072	S−S	266
N−H	391	S=S	418
N−N	163	S=O	523
N=N	418	F−F	155
N≡N	941	F−Cl	253
N−O	201	Cl−Cl	242
N=O	607	Br−Br	193
H−Cl	431	I−I	151

예제 11-2

〈표 11-2〉를 이용하여 메테인(CH_4) 가스의 연소반응시 반응열을 계산하시오.

풀이 먼저 화학반응식을 구성한다.

$$CH_4(g) + 2\,O_2(g) \longrightarrow CO_2(g) + 2\,H_2O(g)$$

그리고 분자 내 결합상태를 확인한다.

CH_4 : 4개의 C−H
$2\,O_2$: 2개의 O=O
CO_2 : 2개의 C=O
$2\,H_2O$: 4개의 O−H

식 (11.4)에 〈표 11-2〉의 자료를 넣어 계산한다.

$$\Delta H = 4(413) + 2(495) - 2(799) - 4(463)$$
$$= -808\ (kJ/mol)$$

정답 : −808 kJ/mol

11.3 헤스의 법칙(Hess' law)

"화학반응에 수반된 열량 변화, 즉 반응열은 반응의 경로와 무관하며 항상 동일하다"는 것이 헤스의 법칙이다. 헤스의 법칙은 반응의 경로가 한 단계이든 두 단계이든 반응경로(reaction pathway)와 상관없이 각 경로를 구성하는 단일단계 반응의 반응열을 모두 합한 값은 항상 동일하다는 것이다.

$$H_2(g) + \frac{1}{2}O_2(g) \longrightarrow H_2O(\ell) + 283\ kJ \quad (11.5)$$

$$H_2(g) + \frac{1}{2}O_2(g) \longrightarrow H_2O(g) + 242\ kJ \quad (11.6)$$

$$H_2O(g) \longrightarrow H_2O(\ell) + 41\ kJ \quad (11.7)$$

수소기체와 산소기체로부터 액체 상태의 물 1 mol을 생성시키는 반응의 반응열은 −283 kJ이다. 이 반응을 두 단계로 나누어 진행시키면 [그림 11-1]과 같이 구성된다. 두 단계로 진행시킨 반응경로에서 각 단계의 반응열을 합하면 역시 −283 kJ로서 한 단계로 진행한 경우의 전체 반응열과 동일하다.

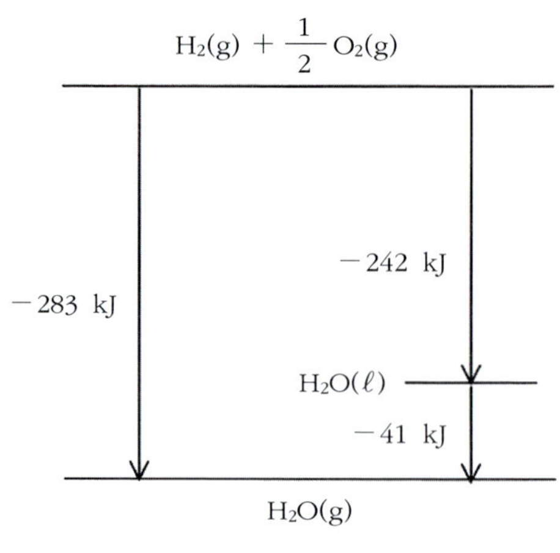

[그림 11-1] 물 분자 생성에서의 에너지 변화

11.4 열전달(Heat Transfer)

열이 공간적 이동을 통해 전달되는 과정은 전도(conduction), 대류(convection), 복사(radiation)의 세 가지 형태가 있다.

전도는 물체의 직접적 접촉을 통해 전달되며 대류는 유체의 부력에 의해 전달된다. 그리고 복사는 전자기파를 통한 열원과 수용체 간의 열전달 방식이다.

열전달량을 표현하는 기준은 세 가지이다. 고온 발열체로부터 방출되는 열량을 의미하는 열방출률(heat release rate, HRR, Q), 저온 열수용체가 받아들이는 열량인 열유동률(heat flow rate, HFR, q), 그리고 열유동률을 단위 면적으로 나눈 열유속(heat flux, g″)이 있다.

전도에 의한 열량(q)은 두 물체의 온도차(ΔT)와 전달 면적(A)에 비례하고 전달 거리(d)에 반비례한다.

$$q(\text{전도열유동률}) = k \cdot A \cdot \Delta T/d \qquad (11.8)$$

식 (11.8)에서 k는 열전도상수(heat conduction constant) 또는 열전도도(thermal conductivity)라고 하며 단위는 kJ/m · sec · K 또는 W/m · K로 나타낸다.

대류에 의해 전달되는 열량은 열전달 물체간 온도차와 접촉 면적에 비례한다.

$$q(\text{대류열유동률}) = h \cdot A \cdot \Delta T \qquad (11.9)$$

식 (11.9)에서 h는 대류열전달계수 또는 경막열전달계수(heat transfer coefficient of boundary layer)라고 하며 단위는 $J/m^2 \cdot sec \cdot K$ 또는 $W/m^2 \cdot K$로 표현된다. 대류열전달에서의 경막(boundary layer)은 열전달 유체와 고체상 열수용체 사이의 경계면을 가리킨다.

대류열전달계수는 일반적으로 $5 \sim 10\,J/m^2 \cdot sec \cdot K$ 정도이나 층류화염이나 화염의 직접적 접촉시에는 그 값이 $5 \sim 50\,J/m^2 \cdot sec \cdot K$로 확대된다.

복사에 의해 전달되는 열량은 전달 단면적(A)과 열수용체의 기하학적 형상계수(configuration factor, F) 그리고 온도항의 4제곱에 비례한다.

$$q(\text{복사열유동률}) = \sigma \cdot A \cdot F \cdot (T_h^4 - T_\ell^4) \quad (11.10)$$

식 (11.10)에서 T_h와 T_ℓ은 각각 고온 발열체와 저온 열수용체의 온도를 가리키며 σ는 스테판-볼프만 상수(Stefan-Boltzmann constant)로서 흑체(black body) 복사에 관한 상수값이며 5.67×10^{-8} J/m^2 · sec · K^{4}이다. 또한 F는 열수용체의 표면적 특성을 반영한 것으로서 복사파의 입사각과 표면형상(surface shape)에 따른 복사에너지의 감소 비율을 나타낸다.

11.5 열역학 법칙들

열역학(Thermodynamics)은 열과 일에 관한 에너지 변환과 그 효율성에 관한 학문이다. 열역학은 제1, 제2, 제3의 세 가지 법칙이 있으며 제1법칙(The first law of Thermodynamics)은 열과 일의 크기 및 에너지 형태의 변환에 관한 것이며 제2법칙(The second law of Thermodynamics)은 에너지 효율에 대해 서술하고 있다. 그러나 열역학 제3법칙(The third law of Thermodynamics)은 물질의 상태와 변화 가능성을 엔트로피와 자유에너지를 통해 규정한다.

11.5.1 열역학 제1법칙(The First Law of Thermodynamics)

열역학 제1법칙은 계에 주어진 에너지가 다양한 형태로 전환될 수 있으나 그 크기는 항상 일정하다는 것을 보여준다. 그러므로 열역학 제1법칙의 내용은 에너지 보존의 법칙이 그 기초가 되며 실제적으로는 다음과 같이 표현된다.

"외부로부터 계에 주어진 열량(Q)은 계가 한 일(W)과 내부에너지의 변화량(ΔE)을 합한 것과 같다."

$$Q = W + \Delta E \quad (11.11)$$

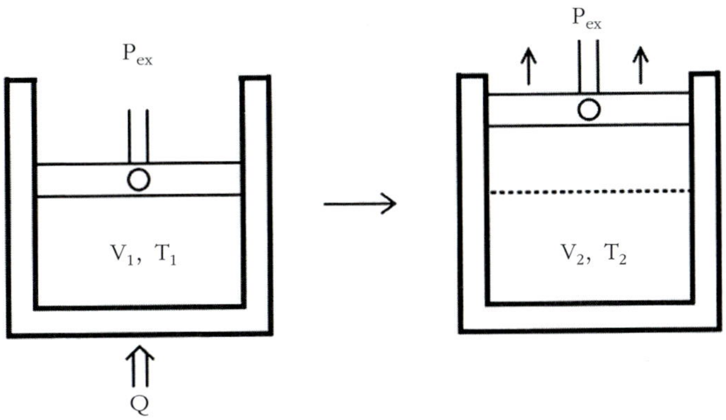

[그림 11-2] **계의 에너지 전환**

움직일 수 있는 피스톤이 장치된 실린더 내부를 계라고 가정하고 이 계에 외부로부터 열량 Q를 제공하는 경우를 생각해보자.

계의 부피는 V_1에서 V_2로 증가하고 온도 역시 T_1에서 T_2로 증가할 것이다.

일정한 압력하에서 계의 부피 증가는 일을 한 것이며 온도 상승은 계가 가진 내부에너지의 상승을 의미한다. 이 경우 에너지의 크기를 비교하면 식 (11.11)의 관계가 성립한다. 그러나 주위의 관점에서는 일의 부호가 반대이며 크기만 동일하다.

일(W)의 물리량은 에너지이며 압력(P)와 부피(V)의 곱으로 나타낼 수 있다. 열역학적 일은 가역적인 일(reversible work, $W_{rev.}$)과 비가역적 일(irreversible work, $W_{irr.}$)로 구분된다. 전자의 경우는 부피의 극소 변화(infinitesimal change)를 통한 비현실적 일이지만 이론적으로는 최대일(maximum work)을 나타낸다. 후자의 경우는 일반적인 일로서 그 크기가 일의 경로에 따라 달라지며 일의 진행 단계가 많을수록 커진다.

$$W_{rev.} = n \cdot R \cdot T \cdot \ln \frac{V_2}{V_1} \tag{11.12}$$

$$W_{irr.} = P_{ex} \cdot \Delta V \tag{11.13}$$

가역적인 일($W_{rev.}$)은 등온과정이며 식 (11.12)에서 n은 몰(mol)수, R은 기체상수, V_1은 계의 처음 부피, V_2는 계의 최종부피를 의미한다. 식 (11.13)에서 P_{ex}는 외부 압력(external pressure)을 의미하며 일반적으로 대기압을 가리킨다.

계의 내부에너지는 외형적으로 계의 온도로 나타나지만 분자 운동에너지이다. 물질의 분자운동은 온도와 상태에 따라 크기가 달라지며 형태는 병진운동(translation motion), 회전운동(rotation motion), 진동운동(vibration motion)의 세 종류이다. 분자운동과 관련된 열역학적 상수가 열용량(heat capacity, C)이다.

열용량은 부피가 일정한 경우(C_v)와 압력이 일정한 경우(C_p)에 따라 달라진다.

내부에너지 변화량(ΔE)은 열용량과 계의 온도 변화로 결정되며 열용량은 온도에 따라 그 크기가 실제적으로 달라진다. 그리고 반응열(ΔH) 또한 열용량과 온도차의 곱으로 나타낼 수 있다.

$$\Delta E = C_v \cdot \Delta T \text{ (부피가 일정)} \tag{11.14}$$

$$\Delta H = C_p \cdot \Delta T \text{ (압력이 일정)} \tag{11.15}$$

$$C_v = \frac{5}{2}R + (3N-5)R \text{ (직선형 분자)} \tag{11.16}$$

$$C_v = \frac{6}{2}R + (3N-6)R \text{ (비선형 분자)} \tag{11.17}$$

$$C_p - C_v = R \text{ (1 mol의 경우)} \tag{11.18}$$

위 식들에서 R은 기체상수이며 N은 분자를 구성하는 원자의 개수이다. 식 (11.16)과 식 (11.17)에서 $(3N-5)R$과 $(3N-6)R$은 모두 진동운동과 관련된 부분이며 고온이 아닌 경우 나타나지 않으므로 무시할 수 있는 항이다.

예제 11-3

20℃, 1몰의 질소기체가 들어 있는 계에 500 J의 외부에너지를 공급하여 400 J의 일을 시켰다. 계의 최종 온도는 몇 ℃인가?

풀이

$Q = W + \Delta E$

$\longrightarrow 500\text{ J} = 400\text{ J} + \Delta E$

$\longrightarrow \Delta E = 100\text{ J}$

그리고 계의 온도가 20℃이고 질소기체는 직선형 분자이므로 일반적인 조건의 C_v를 계산한다.

$$C_v = \frac{5}{2}R = \frac{5}{2}(8.314\text{ J/mol}\cdot\text{K}) = 20.785\text{ J/mol}\cdot\text{K}$$

식 (11.14)에 대입하여 계산한다.

$\Delta E = C_v \cdot \Delta T = 100\,J$

$\longrightarrow (20.785\,J/mol \cdot K)(x - 293\,k) = 100\,J$

$\longrightarrow x = 293.208\,K$

정답 : 20.208℃

11.5.2 열역학 제2법칙(The Second Law of Thermodynamics)

열역학 제2법칙은 에너지 효율과 계의 진행 방향에 관한 법칙이다. 즉 열효율(heat efficiency, η)과 엔트로피(entropy, S)가 핵심적인 개념으로서 열역학 제2법칙은 다음과 같이 정의된다.

"계의 열효율은 1보다 작고 열효율이 1인 기관은 존재할 수 없다."
"계의 자발적 과정은 항상 엔트로피가 증가하는 쪽으로 진행된다."

열효율은 계에 주어진 외부로부터의 열에너지가 일에너지로 바뀌는 전환율을 의미한다.

$$\eta(\text{열효율, 일효율}) = \frac{W}{Q} < 1 \qquad (11.19)$$

엔트로피는 무질서도를 가리키는 열역학적 함수이며 그 값이 증가하는 쪽으로 자발적인 과정(spontaneous process)이 진행된다. 엔트로피의 SI 단위는 J/mol · K이다.

$$\text{자발적 과정} : \Delta S(= S_2 - S_1) > 0 \qquad (11.20)$$

여기서 1, 2는 계의 처음상태와 최종상태를 의미한다.

엔트로피의 증가는 계의 무질서도가 커지는 과정이므로 온도의 상승, 부피의 증가(압력의 감소), 물질의 혼합, 상(phase)전이(ex. 액체→기체) 등이 대표적인 경우이다.

$$\Delta S = C_v \cdot \ln \frac{T_2}{T_1} \tag{11.21}$$

$$\Delta S = n \cdot R \cdot \ln \frac{V_2}{V_1} = n \cdot R \cdot \ln \frac{P_1}{P_2} \tag{11.22}$$

$$\Delta S = -n \cdot R(x_A \cdot \ln x_A + x_B \cdot \ln x_B) \tag{11.23}$$

$$\Delta S = \frac{\Delta H}{T} \tag{11.24}$$

식 (11.21), (11.22), (11.23), (11.24)는 각각 온도변화, 부피 및 압력 변화, 물질의 혼합, 상전이에 따른 엔트로피 변화량을 나타낸다. 식 (11.23)의 x_A와 x_B는 물질 A와 물질 B의 몰분율(mole fraction)을 의미하며 식 (11.24)의 T와 ΔH는 각각 상전이 온도와 상전이열을 가리킨다.

〈표 11-3〉 물질의 상전이 온도(T)와 상전이열(ΔH)

화학식	T_f (K)	ΔH_f (kJ/mol)	T_b (K)	ΔH_b (kJ/mol)
H_2O	273.15	6.008	373.15	40.656
H_2	3.5	0.021	4.22	0.084
N_2	63.15	0.719	77.35	5.586
O_2	54.36	0.444	90.18	6.820
Ar	83.81	1.188	87.29	6.506
CO_2	217.0	8.33	194.6	25.23
NH_3	195.4	5.652	239.7	23.35
CH_4	90.68	0.941	111.7	8.18
CCl_4	250.3	2.47	349.9	30.00
C_2H_6	89.85	2.86	184.6	14.7
C_6H_6	278.61	10.59	353.2	30.8
CH_3OH	175.2	3.16	337.2	35.27
C_2H_5OH	156	4.60	352	43.5

예제 11-4

9 g의 물이 100℃, 대기압하에서 전부 수증기로 바뀌었다. 엔트로피 변화량은? (〈표 11-3〉 참조)

풀이 9 g의 H_2O는 0.5 mol이다. 따라서 먼저 1 mol로 계산한 뒤 최종적으로 0.5를 곱해준다. 먼저 상전이시 ΔS를 계산한다.

$$\Delta S = \frac{\Delta H}{T}$$

$$= \frac{40.7\ \text{kJ/mol}}{373\ \text{K}}$$

$$= 110\ \text{J/mol} \cdot \text{k}$$

정답 : 55 J/mol · K

예제 11-5

25℃, 1 mol의 CO_2 기체를 같은 부피를 유지하며 50℃로 높였다. ΔS는?

풀이 C_v는 $\frac{5}{2}$R이며 식 (11.21)을 이용한다.

$$\Delta S = \frac{5}{2}(8.314\ \text{J/mol} \cdot \text{K}) \ln \frac{323\ \text{K}}{298\ \text{K}}$$

$$= 1.676\ \text{J/mol} \cdot \text{K}$$

정답 : 1.676 J/mol · K

11.5.3 열역학 제3법칙(The Third Law of Thermodynamics)

열역학 제3법칙은 물질의 변화 가능성을 엔트로피뿐만 아니라 반응열과 온도를 고려한 개념으로 규정한다. Nernst는 열역학 제3법칙을 다음과 같이 정의하였다.

"절대온도 0도에서 완전한 결정(perfect crystal)의 엔트로피는 0이다."

물질의 변화 가능성, 즉 화학반응이 진행되기 쉬운 정도를 나타내는 새로운 열역학적 함수가 자유에너지(free energy)이다. 자유에너지는 화학반응에 수반되는 엔트로피 변화량과 온도와 반응열을 모두 반영한 것이며 부피가 일정한 경우의

Helmholtz 자유에너지(A)와 압력이 일정한 경우의 Gibbs 자유에너지(G)가 있다.

대부분의 화학반응이 대기압하에서 진행되므로 일반적으로 Gibbs 자유에너지가 많이 사용된다.

$$G = H - T \cdot S \tag{11.25}$$

$$\Delta G = \Delta H - T \cdot \Delta S \text{ (등온시)} \tag{11.26}$$

식 (11.26)에서 ΔH는 화학반응에 수반되는 반응열이며 T는 반응온도이다. 또한 단위 몰당의 자유에너지 변화량을 화학퍼텐셜(chemical potential, μ)이라 하며 화학반응의 용이성을 나타낸다.

$$\mu = \frac{\Delta G}{n} \tag{11.27}$$

그러므로 자유에너지 변화량은 평형상수와 연관되어 있고 그 값이 음의 값을 가지면 정반응이 자발적이며 절대값이 클수록 반응속도도 커진다.

$$\Delta G = -R \cdot T \cdot \ln K \tag{11.28}$$

식 (11.28)에서 K는 평형상수이며 T는 반응온도이다.

연습문제

1. 다음 화학반응의 반응열은 열 kJ/mol인가? (<표 11-1> 참조)

$$MgO(s) + CaSO_4(s) \longrightarrow MgSO_4(s) + CaO(s)$$

2. 실온에서 액체 에탄올(C_2H_5OH) 1 mol을 연소시 발생되는 열량은? (<표 11-1> 참조)

3. 1 mol의 아세틸렌(C_2H_4)을 산소와 반응시킬 때 연소열량은? (<표 11-2> 참조)

4. <표 11-1>을 이용하여 다음 반응의 반응열을 계산하시오.

$$CO(g) + \frac{1}{2}O_2(g) \longrightarrow CO_2(g)$$

5. 열전달의 세 가지 형태는?

6. 27℃, 이상기체 1 mol을 등온 가역적으로 팽창시켜 부피가 처음의 두 배가 되게 하였다. 일의 양은 몇 J인가?

7. Ne 또는 Ar 등의 단원자분자 기체의 열용량은 몇 R인가?

8. 어떤 내연기관에 연료의 연소를 통해 100 kJ의 열량을 공급하였다. 엔진으로부터 발생된 일의 크기가 30 kJ이라면 열효율은?

9. 4 g의 수소기체와 32 g의 산소기체를 혼합하였다. 혼합 전후의 엔트로피 변화량은 얼마인가?

10. 27℃, 대기압하에서 어떤 화학반응의 ΔG는 50 J/mol이다. 이 반응의 평형상수 K는?

CHAPTER

12 고분자 중합체

12.1 고분자(Macromolecule) 물질

분자량 10000 이상의 물질이 고분자이며 1000에서 10000 사이의 것을 올리고머(oligomer)라고 한다. 그러나 실제로 사용되는 고분자 물질은 분자량이 최소 수십만 이상이다. 고분자 물질은 거대한 분자이지만 특정 기본단위가 반복되는 구조이며 이 기본단위를 단량체(monomer)라고 한다. 대표적인 단량체 연결법이 중합(polymerization)이며 이로 인해 형성된 고분자를 중합체(polymer)라고 한다. 중합체는 중합법의 차이와 무관하게 모든 고분자 물질을 가리킨다.

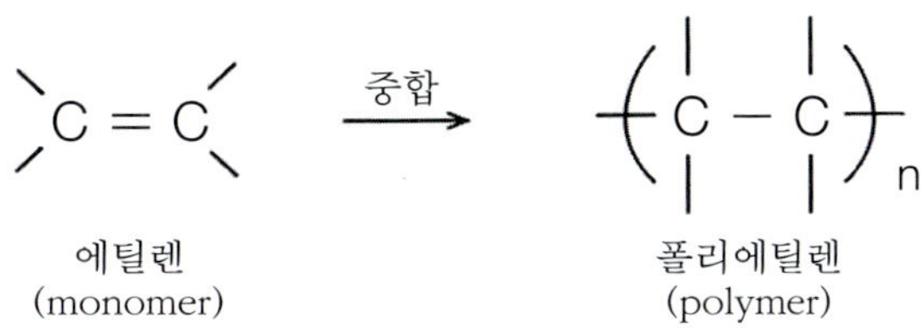

[그림 12-1] 단량체와 중합체

고분자 화합물은 용도와 특성에 따라 플라스틱(plastics), 합성섬유(synthetic fiber), 합성고무(synthetic rubber) 등으로 구분한다. 또한 특수한 용도의 기능성 고분자 물질은 현대사회에 필요한 핵심적인 신소재로서 그 응용 영역이 빠르게 확장되고 있다.

12.1.1 플라스틱(plastics)

플라스틱은 합성수지(synthetic resin)들 중 가열시 용융되어 유동성을 가지는 열가소성(thermoplastic) 선형 고분자를 가리킨다. 대표적으로 폴리에틸렌(PE), 폴리프로필렌(PP), 폴리염화비닐(PVC), 폴리스틸렌(PS), 폴리에스터(polyester) 등이 있다.

폴리에틸렌은 용도에 따라 저밀도폴리에틸렌(low density polyethylene, LDPE), 중밀도폴리에틸렌(medium density polyethylene, MDPE), 고밀도폴리에틸렌(high density polyethylene, HDPE)이 있으며 주방용품, 필름, 포장재, 절연재, 단열재

등으로 이용된다. 특히 Ziegler촉매($Al(C_2H_5)_3-TiCl_4$)를 사용하여 제조한 HDPE는 우수한 결정성으로 인해 높은 강도를 가지는 점이 특징적이다.

프로필렌으로부터 Natta촉매($Al(C_2H_5)_3-TiCl_3$)를 이용하여 제조하는 폴리프로필렌은 강도가 크고 가벼워 비중이 저밀도 폴리에틸렌과 비슷하다. 주된 용도는 합성섬유 또는 성형제품이지만 염료(dye) 분자와의 염착성이 좋지 못한 단점이 있다 .

PVC로 널리 알려진 폴리염화비닐은 성형 가공시 가소제(plasticizer)의 사용 여부에 따라 경질 PVC와 연질 PVC로 구분된다. 경질 PVC는 건축자재로, 연질 PVC는 포장용 랩(wrap) 등의 필름으로 이용된다.

가소제는 플라스틱의 유연성을 증가시키는 물질로서 DOP(dioctylphthalate)와 DBP(dibutylphthalate) 등이 사용되는데, 최근 프탈레이트류가 내분비계장애물질(endocrine disruptor, ED)로 알려져 사용상의 제한을 받고 있다.

폴리스틸렌은 성형 가공시 발포(foaming)시킨 폴리스틸렌폼(스틸로폼)으로 단열재에 많이 이용되고 있으며 폴리에스터는 합성섬유에 주로 사용된다.

12.1.2 합성섬유

합성섬유는 석유화학 제품으로부터 중합시킨 고분자 중합체들을 각각의 고유한 특성을 이용하여 섬유 재료로 사용한 것이다. 합성섬유는 단량체의 종류에 따라 그 계열을 폴리아미드, 폴리에스터, 폴리아크릴, 폴리올레핀, 폴리우레탄으로 구분한다.

나일론으로 대표되는 폴리아미드계 합성섬유는 분자 내 아미드기(amide group)를 가진 중합체로서 현재 섬유와 산업용으로 광범위하게 이용되고 있다. 나일론은 Nylon6,6와 Nylon6가 대표적이다.

〈표 12-1〉 합성섬유의 종류와 상품명

계 열	상품명
폴리아미드(polyamide)계	나일론(Nylon6,6, Nylon6)
폴리에스터(polyester)계	폴리에스테르, 테트론
폴리아크릴(polyacryl)계	아크릴섬유, 카시미론, 오론(orlon)
폴리올레핀(polyolefin)계	폴리에틸렌, 폴리프로필렌
폴리우레탄(polyurethane)계	폴리우레탄, 스판덱스(spandex)

Nylon6,6는 최초로 합성된 폴리아미드계 합성섬유로서 아디프산(adipic acid)과 헥사메틸렌디아민(hexamethylenediamine)으로부터 얻은 나일론염(nylon salt)의 중간 생성물을 축중합(condensation polymerization)시켜 제조한다.

$$HOOC(CH_2)_4COOH + H_2N(CH_2)_6NH_2 \longrightarrow -OOC(CH_2)_4COO- \; ^+H_3N(CH_2)_6NH_3^+ \quad (12.1)$$

Nylon6는 카프로락탐을 개환 중합시켜 제조하며 현재 국내에서 생산되고 있는 나일론섬유의 대부분을 차지하고 있다.

폴리에스터 섬유는 테레프탈산(terephthalic acid)과 에틸렌글리콜(ethylene glycol)로부터 제조한 에틸렌테레프탈레이트(ethyleneterephthalate)를 중합하여 제조한다.

폴리에스터 섬유는 결정성과 기계적 강도 그리고 내열성과 내약품성이 모두 우수하여 합성섬유 중 그 생산량이 가장 많다. 폴리에스터 섬유는 구김이 잘 가지 않고 세탁시 물 분자에 의한 섬유소의 팽윤(swelling)작용도 크지 않아 세탁 후 즉시 입을 수 있는 특징이 있다. 섬유로서의 용도는 단독 사용보다 천연섬유와 섞어 짜는 방법으로 이용되고 있다.

아크릴섬유는 폴리아크릴로니트릴(polyacryllonitrile)이 주성분이며 가벼우면서도 탄성이 크고 보온성과 염색성이 우수하여 스웨터 및 침구류의 제조에 이용된다.

폴리올레핀계 합성섬유는 고밀도 폴리에틸렌과 폴리프로필렌이 대표적이다. 섬유의 특성이 가볍고 질기며 기계적 강도도 크다. 또한 융점도 비교적 높지만

〈표 12-2〉 합성섬유의 물리적 성질

섬유의 종류	융 점 (m.p,℃)	비 중 (sp.gr)	결정도 (crystallinity, %)	신장률 (elongation, %)	강 도 (tenacity, g/denier)	흡습도 (%)
나일론6	225	1.14	30～50	35～50	4.0～5.5	2.5～5.0
나일론6,6	250	1.14	30～50	16～65	3.0～10	4.5
폴리에스터	255	1.38	30～50	12～50	2.5～6.0	0.4～0.5
아크릴	240	1.17	40	16～32	2.0～3.6	1～3
폴리프로필렌	173	0.91	70～80	15～25	5～9	0
스판덱스	230	1.2～1.4	–	400～700	0.5～0.9	0.3～1.3

염색성이 좋지 못하여 의류용보다 산업용 섬유로서 천막과 로프 등의 제조에 이용된다.

폴리우레탄 섬유는 중합체 내 우레탄결합이 들어 있고 결정성이 낮은 부분(soft segment)과 우수한 부분(hard segment)을 교대로 배열시켜 탄성을 증가시킨 탄성섬유(elastic fiber)이다. 특히 스판덱스(spandex)는 85 wt.% 이상의 폴리우레탄 단위를 가진 선형 중합체를 가리키는데 탄성섬유로서의 우수한 물성으로 인해 용도가 증가하고 있다.

12.1.3 합성고무(synthetic rubber)

자동차 산업의 발달로 인해 급증한 타이어용 고무 수요가 합성고무의 제조를 촉진하였으며 현재는 자동차 타이어용 이외에도 다양한 산업용 고무가 제조되고 있다.

부타디엔 고무는 단량체인 부타디엔(cis-1,4-polybutadiene)을 중합시켜 제조한 합성고무이다. 골격구조의 입체규칙성으로 인한 내마모성과 저온에서의 물성이 우수하여 스노우타이어용 합성고무로 사용되고 있다.

스틸렌과 부타디엔으로부터 제조되는 SBR은 사용량이 현재 가장 큰 합성고무이며 50℃에서 얻어지는 hot rubber와 5℃에서 얻어지는 cold rubber의 두 종류가 있으나 cold rubber의 생산량이 지배적이다.

아크릴로니트릴과 부타디엔으로부터 제조되는 NBR은 내유성이 가장 강한 고무로서 특수부품 제조에 이용되고 있다.

폴리클로로프렌이 주성분인 클로로프렌 고무는 내열성, 난염성(nonflammable), 내노화성 등이 우수하고 인장 강도가 큰 특성으로 인해 전선피복제와 벨트 등에 사용되고 있으나 때로는 도료에 이용되기도 한다.

〈표 12-3〉 합성고무의 종류와 용도

종 류	명 칭	용 도
부타디엔 고무	BR	스노우타이어
스틸렌-부타디엔 고무	SBR	고무부품, 타이어
아크릴로니트릴-부타디엔 고무	NBR	기름호스, 내유부품
클로로프렌 고무	CR	전선피복제, 도료
이소부틸렌-이소프렌 고무	ICR	타이어용 튜브

$$\underset{\text{polychloroprene}}{-\!\!\left(H_2O - \overset{\overset{\displaystyle Cl}{|}}{C} = CH - CH_2 \right)\!\!-_n} \tag{12.2}$$

이소부틸렌－이소프렌 고무(IIR)는 두 단량체로부터 중합된 것이나 이소부틸렌이 지배적 구성 성분이어서 실제 이소프렌의 양은 전체의 1～5% 정도이다. IIR은 중합체의 골격 조직이 조밀하고 내열성과 내약품성이 우수하여 타이어용 튜브 제조에 이용되고 있다.

12.1.4 기능성 고분자 화합물

고분자 중합체가 가지는 각각의 고유한 물성 외 특별한 성질을 가지게 한 것이 기능성 고분자이다. 현대사회에서 고분자 화합물에 관한 기술적 발전은 기능성 고분자에 집중되고 있으며 대표적으로 전도성 고분자(conductive polymer), 광반응성 고분자(photosensitive polymer), 분리막 고분자(separating membrane polymer) 등이 있다.

고분자 중합체가 전기전도성을 가진 것이 전도성 고분자이다. 전도성 고분자 물질을 전지의 전극이나 전해질로 사용하면 전지의 부피가 작아지고 성능은 향상시킬 수 있다. 또한 박막재료로 사용시 우수한 발광 효율로 인해 디스플레이로서의 최고 성능을 구현할 수 있다. 대표적인 예로서 유기발광다이오드(organic light emitting diode, OLED)는 저전압 구동과 우수한 영상 표현, 화면의 가변성(flexible panel) 등을 통해 현재 가장 우수한 디스플레이 장치로 각광받고 있다.

광반응성 고분자는 빛에 의해 쉽게 중합되기도 하고 분해되는 고분자 물질을 말한다. 반도체 제조공정에서 시행하는 매스킹(masking)법은 광반응성 고분자의 특성을 이용한 대표적인 예이다.

분리막 고분자는 중합체 말단에 전하를 띤 작용기를 가진 고분자 화합물이다. 다양한 분리 공정에 이용할 수 있으며 대표적인 예로서 담수화 시설이나 정수기에 장치된 이온교환수지막이 있고 의료용으로는 신장 투석기 내 분리막을 들 수 있다.

12.2 고분자의 구조(Structure of Polymer)

고분자 중합체의 구조는 단량체의 연결 방법에 따라 선형(linear), 평면 망상(planar network), 삼차원 망상(three dimensional network) 구조로 구분한다. 선형과 평면 망상구조는 용매에 대한 용해성이 있으나 삼차원 망상구조는 높은 강도와 함께 용매에 대한 용해성도 없다.

고분자는 중합체 내 단량체의 종류에 따라 한 종류만의 단중합체(homopolymer)와 두 종류 이상의 공중합체(copolymer)로 구분된다. 공중합체는 두 단량체의 단량체간의 구성비와 구조적인 결합방식에 따라 물성이 달라진다. 단량체 사이의 결합방식은 다음과 같은 네 가지 형태가 있다.

불규칙(random) 공중합체 : －AABABABBAB－

교대(alternating) 공중합체 : －ABABABABAB－

블록(block) 공중합체 : －AAAAABBBBB－

그라프트(graft) 공중합체 : －AAAAAAAA－

```
                    |     |
                    B     B
                    B     B
                    B     B
                    B     B
                    |     |
```

[그림 12-2] **공중합체의 종류**

[그림 12-2]에서 A와 B는 단량체의 종류를 가리키는데, 불규칙 공중합체가 자연적으로 진행되는 중합법으로는 가장 일반적인 형태이다. 교대 공중합체도 중합 촉매에 따라 가능하나 블록 공중합체와 그라프트 공중합체는 인위적인 조작이 필요하다.

공중합체들은 서로 구조이성체(structural isomer)들이지만 고분자의 물리적 성질에는 차이가 크다. 고분자 중합체의 결정성(crystallinity, tacticity)은 중합체의 강도를 결정하는 요소이며 [그림 12-3]과 같은 세 가지 공간배열의 입체이성체(stereo isomer)들로 구분된다.

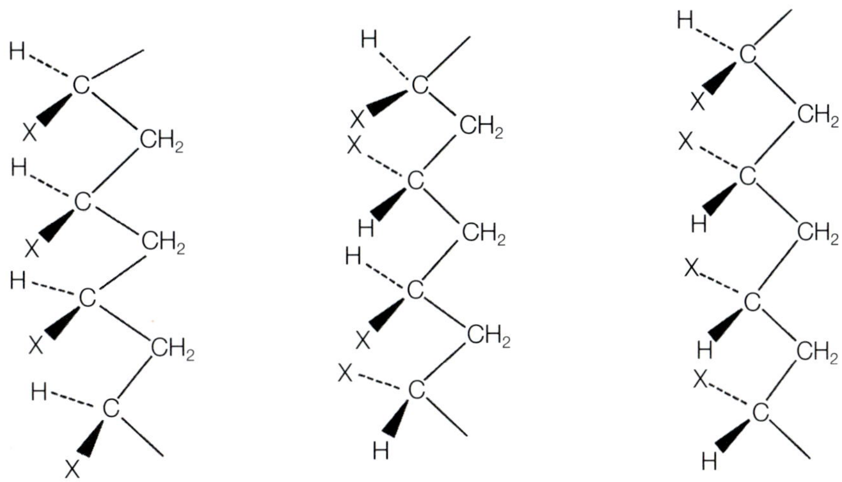

[그림 12-3] 고분자의 입체 이성체

중합체의 골격 탄소에 결합된 치환기(X)의 배향(configuration)이 항상 일정한 아이소탁틱과 신디오탁틱은 불규칙한 아탁틱 고분자에 비해 결정성이 우수한 입체규칙성 고분자(tactic polymer, stereoregular polymer)들이다. 이것들은 아탁틱에 비해 기계적 성질이 우수하며 녹는점(m.p)도 높다.

이와 같은 결정성 고분자의 제조는 대개 Ziegler－Natta계 촉매를 이용하여 중합시킨 것들이며 저압하에서의 아이소탁틱 폴리프로필렌의 제조는 그 대표적 예라 할 수 있다.

12.3 중합체의 제조

단량체를 중합하는 방법은 크게 세 가지 형태가 있으며 부가중합(addition polymerization), 개환중합(ring opening polymerization), 축중합(polycondensation)으로 구분된다.

12.3.1 부가중합(addition polymerization)

부가중합법은 고분자 합성에서 가장 대표적인 방법이며 단량체 내 이중결합의 깨어짐을 통해 단량체 사이의 부가적인 결합이 진행되는 연쇄반응(chain reaction)이다. 부가중합은 반응의 진행시 단량체의 형태에 따라 라디칼중합(radical polymerization)과 이온중합(ionic polymerization)으로 구분한다.

라디칼중합은 연쇄반응의 활성중심 화학종이 라디칼이며 개시(initiation), 성장(propagation), 종결(termination)의 세 단계로 진행된다. 개시단계는 단량체가 라디칼 상태로 활성화되는 단계이며 라디칼 생성을 용이하게 하기 위하여 개시제를 넣어준다.

성장단계는 라디칼의 지속적 부가반응을 통해 단량체가 서로서로 연결되어 가는 과정이다. 종결단계는 충분히 성장된 중합체의 라디칼이 서로 결합(coupling, combination)되거나 활성을 잃게 되어 반응이 정지하는 단계이다. 종결단계(termination step)에 쉽게 도달하기 위해서는 중합방지제(inhibitor)를 넣어준다.

라디칼중합은 반응물들의 상태와 중합열 처리방법에 따라 괴상중합(bulk polymerization), 용액중합(solution polymerization), 현탁중합(suspension polymerization), 유화중합(emulsion polymerization) 등으로 구분하나, 현탁중합법과 유화중합법이 가장 보편적으로 사용되는 방법이다.

이온중합은 반응 중심인 탄소원자의 전하에 따라 양이온중합(carbonium ion)과 음이온중합(carbanion)으로 나누어진다. 양이온중합과 음이온중합은 각각 산과 염기를 개시제로 사용하며 라디칼 중합에 비해 활성화 에너지가 작은 점이 특징이다.

12.3.2 개환중합(ring opening polymerization)

개환중합은 고리형 탄화수소(cyclic hydrocarbon)의 고리를 깨뜨려 부가반응을 진행하는 중합법이다. 개환반응에서 요구되는 높은 활성화에너지로 인해 촉매존재하에서 진행된다. 가장 대표적인 예는 ε-카프로락탐(ε-caprolactam)으로부터 Nylon6의 제조이다.

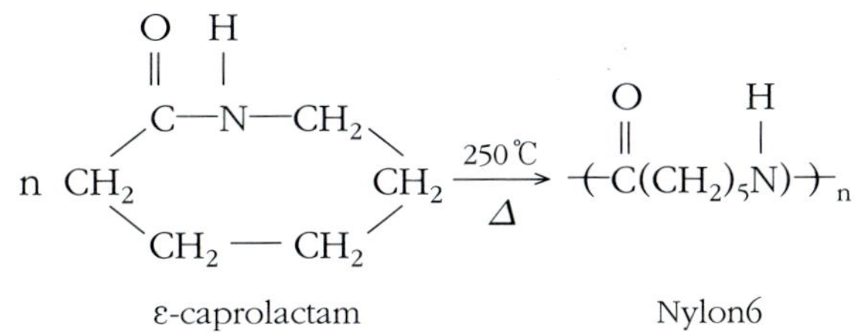

(12.3)

12.3.3 축중합(polycondensation)

축중합은 중합시 단량체 사이의 연결과정이 축합반응이므로 중축합 또는 축중합이라고 하며 진행과정을 통해 물 또는 작은 분자가 이탈되는 반응이다. 축중합은 활성중심이 무수히 많은 점이 특징이며 모든 단량체가 한꺼번에 이량체(dimer)로 되었다가 다시 분자량이 증가되는 중합법이다.

대표적인 반응은 헥사메틸렌디아민(hexamethylenediamine)과 아디프산(adipic acid)으로부터 Nylon6,6의 제조를 들 수 있다.

$$n[H_2N(CH_2)_6NH_2] + n[HOOC(CH_2)_4COOH] \longrightarrow \left[\overset{O}{\overset{\|}{C}} \left(CH_2 \right)_4 \overset{O}{\overset{\|}{C}} - \overset{H}{\overset{|}{N}}(CH_2)_6\overset{H}{\overset{|}{N}} \right]_n + 2nH_2O \qquad (12.4)$$

중합반응은 대부분 발열반응이므로 적절한 반응온도의 유지가 중요하다. 중합이 가능한 최고온도(ceiling temperature, T_c)와 최저온도(floor temperature, T_f) 사이의 반응온도 유지는 중합반응조건으로서 필수적이다.

이 밖에도 고분자의 유연성과 결정도를 나타내는 유리전이온도(glass transition temperature, T_g)는 중합체 내의 국소운동(segmental motion)이 가능한 온도를 의미하며 결정성이 높을수록 T_g도 높다.

12.4 천연고분자와 분자량 분포

고무나무의 수액과 같이 생물체 내에서 합성된 고분자 물질이 천연고분자이다. 천연고분자는 인간이 합성한 고분자 중합체와 분자량 분포에서 근본적인 차이점을 갖고 있다. 천연고분자는 동일 분자의 분자량이 항상 같지만 합성고분자는 중합시마다 분자량이 다르고 그 분포 또한 매우 넓다. 즉 천연고분자는 분자량 분포에서 단분산성(monodispersity)을 나타내지만 합성고분자는 다분산성(polydispersity)을 가진다. 따라서 합성고분자들은 그 물리적 성질을 나타내는 분자량의 크기를 평균치(mean value)로 표현하고 있다. 합성고분자의 분자량 표현법은 다음과 같은 방법들이 있다.

$$\text{수평균분자량}(\overline{M}_n) = \frac{\Sigma N_x \cdot M_x}{\Sigma N_x} \tag{12.5}$$

(단, N_x는 분자량이 M_x인 중합체의 개수)

$$\text{중량평균분자량}(\overline{M}_w) = \frac{\Sigma \cdot M_x^2}{\Sigma N_x \cdot M_x} \tag{12.6}$$

$$\text{점도평균분자량}(\overline{M}_v) = \left[\frac{\Sigma N_x \cdot M_x^{\alpha+1}}{\Sigma N_x \cdot M_x}\right] \tag{12.7}$$

(단, α는 점도에 따른 상수)

점도평균분자량(viscosity average molecular weight, $\overline{M}_v$)은 α가 1일 때 중량평균분자량(weight average molecular weight, $\overline{M}_w$)과 같지만 일반적으로 다분산성 중합체의 경우 α가 0.5～0.9 정도이므로 수평균분자량(number average molecular weight, $\overline{M}_n$)과 비교하면 분자량의 종류에 따른 크기는 다음과 같다.

$$\overline{M}_w > \overline{M}_v > \overline{M}_n \tag{12.8}$$

분자량 분포는 M_w/M_n으로 표현하면 그 값이 가지형 중합체의 경우 20～50 정도이다.

연습문제

1. Oligomer란?

2. Ziegler－Natta 촉매란?

3. PVC 제조에 사용하는 가소제는?

4. 최초로 합성된 섬유로서 폴리아미드계 섬유는?

5. 폴리우레탄계 합성섬유로서 대표적인 탄성섬유는?

6. 고분자 중합체의 입체이성체 중 신디오탁틱이란?

7. 부가중합물을 두 종류로 구분한다면?

8. 개환중합의 대표적 예는?

9. 천연고분자와 합성고분자의 대표적 차이점은?

10. 합성고분자의 분자량 표현법은?

연습문제 답

Chapter 1

1. 원자 : 물질을 구성하는 가장 작은 입자
   분자 : 물질의 성질을 유지한 상태의 가장 작은 입자

2. 용액

3. 원자번호가 작은 경우(20번 이하)에는 양성자 개수와 중성자 개수가 같고 그 이후에는 중성자 개수가 양성자 개수보다 많다. 원자번호가 더 커짐에 따라 그 차이는 더욱 커진다.

4. 단원자 양이온 : Na^{+}, Ca^{2+}, Al^{3+}
   다원자 음이온 : OH^{-}, CO_3^{2-}, PO_4^{3-}

5. 원자번호가 증가할수록 핵과 원자가전자 사이의 인력이 커지기 때문

6. d_{z^2}, $d_{x^2-y^2}$, d_{xy}, d_{yz}, d_{xz}([그림 1-2] 참조)

7. $1s^2 2s^2 2p^6 3s^2 3p^5$

8. $(3,\ 2,\ -2,\ -\frac{1}{2})$

9. 마그네슘, 주기율표에서 마그네슘(Mg)이 알루미늄(Al)보다 상대적으로 왼쪽에 있기 때문

10. 고체-액체 평형선의 기울기가 음의 값을 갖는다. 그 이유는 강한 수소결합으로 인해 액체로 존재하는 온도 구간이 넓기 때문

11. 산소농도가 상대적으로 부족하기 때문

12. 가능하다. 금수성 물질인 나트륨은 수분의 접촉이 불가능한 인화성 액체(기름) 속에 저장한다.

Chapter 2

1. $$H_3C-\overset{\overset{\displaystyle O}{\|}}{C}-CH_3$$

2. $C_2F_4Br_2$

3. $C_8H_{11}O_3N$

4. C_5H_7N

5. 6 mol(3.61×10^{24}개)

6. 1.8×10^{24}개

7. 밀도(g/cm^3) = 질량/부피
   비중(단위 없음) = 특정 물질의 밀도/물의 밀도

8. $g \cdot cm \cdot sec^{-2}$

9. 35℃

10. 8.40 kg/cm^2

Chapter 3

1. a) 아염소산마그네슘(Magnesiumchlorite)
   b) 탄산수소칼륨(Potassiumhydrogencarbonate)
   c) 사산화이질소(Dinitrogentetraoxide)

2. a) Copper(Ⅱ)chloride (영), Cupric chloride (라)
   b) Iron(Ⅲ)oxide (영), Ferric oxide (라)
   c) Tin(Ⅳ)oxide (영), Stannic oxide (라)
   d) Lead(Ⅱ)sulfate (영), plumbous sulfate (라)

3. a) 과염소산(Perchloric acid)
   b) 염산(Hydrochloric acid)
   c) 아황산(Sulfurous acid)
   d) 수산화암모늄(Ammonium hydroxide)

4. $CH_3CCl_2CH_2CHBrCH_2CH_3$

5. 구조가 $CH_3C(CH_3) = C(CH_3)CH_3$로서 좌우가 대칭이다.

6. 구조가 $CH_2 = C(CH_3)CH_3$이므로 메틸기($-CH_3$)가 프로필렌에 붙어 있다고 볼 수 있다. 따라서 2-Methylpropene과 같다.

7. Cyclopentane은 C_5H_{10}이며 Toluene은 C_7H_8이므로 Cyclopentane이 2개의 수소원자를 더 가진다.

8. 본문 중 3.2.6절 참고. 한 분자 내 서로 다른 원자에 OH기가 두 군데 있으면 Glycol, 3개 이상이면 Glycerin이다.

9. Freon 12B1은 탄소가 1개, 수소는 없으며, 플루오르가 2개, 브롬이 1개 있으므로 탄소에 결합된 나머지 한 자리는 염소가 붙어 있음을 알아야 한다. 따라서 분자식은 CF_2ClBr이

되고 할론명은 Halon 1211이다.

10. C_3HF_7, 질소(N_2) 100%

Chapter 4

1. 물(H_2O)이다. 물은 분자간 인력이 수소결합이나 벤젠은 탄화수소로서 비극성분자이므로 분자간 인력이 런던힘이다. 수소결합이 런던힘보다 강하므로 분자간 인력이 큰 물의 끓는 온도가 상대적으로 높다.

2. 염(salt)은 기본적으로 이온화합물을 가리키며 대부분 수용성이 큰 것이 특징이다.

3. 원자 내 전자가 들어 있는 껍질들 중 핵으로부터 가장 먼 바깥쪽 껍질을 말한다. 특히 원자가전자는 이온 생성시 또는 공유결합시 직접적으로 관여하여 분자를 생성케 한다.

4. 수소와 염소는 전자 1개씩을 서로 공유함으로써 팔전자계 규칙을 만족할 수 있다. 따라서 분자가 형성됨으로써 에너지적으로 안정하게 되는 공유결합을 형성한다. 그러나 수소와 염소는 전기음성도 차이가 크기 때문에 극성공유결합을 이룬다. 그러나 모든 극성공유화합물은 분자 내 존재하는 이중극자로 인해 일부 이온결합적 특성도 있다. HCl의 경우 이론적으로 83%의 공유결합성, 17%의 이온결합성을 띤다고 볼 수 있다.

5. 착물을 형성하는 금속의 d궤도는 리간드의 접근에 따라 서로 다른 에너지준위로 분리된다. 분리된 아래쪽 d궤도에서 위쪽 d궤도로 전자가 이동시 필요한 에너지는 대략 300～700 mm 파장의 가시광선 영역의 전자기복사선이다. 따라서 d－d 전이에 필요한 특정 가시광선 파장을 흡수함으로써 착물은 각각의 고유한 색깔을 띠게 된다.

6. 분자간 인력 중 London 힘을 가리키는 말이다. 비극성분자의 분자간 인력을 의미한다.

7. 결합전자쌍과 고립전자쌍 사이의 반발력 차이에 의해 각각 109.5°, 107°, 105°를 나타낸다.([그림 4-6] 및 4.7절 원자가껍질 전자쌍 반발이론 참조)

8. 물분자 내 O－H 결합길이는 0.96 Å(〈표 4-3〉 참조)이며 H－O－H의 결합각은 105°이다. 따라서 기하학적 구조로 볼 때 1 Å보다 크다.

9. 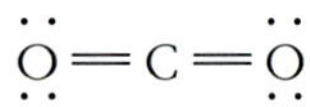

10. 결합차수는 3차이며 반자성이다.

Chapter 5

1. SN_2반응은 치환반응의 한 형태이다. 치환기가 음전하를 띠고 있으며 반응중간체에 관여하는 반응기가 2개인 이분자친핵체 치환반응(Substitution Nucleophilic Biomolecular Reaction)을 가리킨다.(5.1.2절 참조)

2. 세 단계이며 개시단계, 전파단계, 종결단계의 순서로 진행된다.(5.1.5절 참조)

3. a) $2\,C_8H_{18} + 25\,O_2 \longrightarrow 16\,CO_2 + 18\,H_2O$
   b) $Sn^{2+}(aq) + 2\,Hg^{2+}(aq) + 2Cl^-(aq) \longrightarrow Sn^{4+}(aq) + Hg_2Cl_2(s)$
   c) $Pb(OH)_3^-(aq) + OCl^-(aq) \longrightarrow PbO_2(s) + Cl^-(aq) + H_2O + OH^-(aq)$

4. H_2O가 한계반응물, % 수득률은 80.7%

5. 20 sec(초)

6. 반응물 농도의 증가, 저어 줌, 촉매를 넣어 줌, 반응 온도의 상승

7. ① 시간의 변화에 대한 농도변화가 0인 상태($\frac{dC}{dt} = 0$)
   ② 동적인 평형(겉보기 농도는 변화 없으나 정반응과 역반응은 계속적으로 진행)
   ③ 정반응의 속도와 역반응의 속도가 동일한 상태($k_f = k_r$)

8. 역반응(소금의 용해반응은 흡열과정이므로)

9. $Ca(OH)_2 \rightleftharpoons Ca^{2+}(aq) + 2\,OH^-$ 평형상태에서 산(H^+)의 첨가는 $H^+(aq) + OH^-(aq) \longrightarrow H_2O(\ell)$ 반응을 통해 용액 내 OH^- 이온의 농도가 감소한다. 르샤뜨리에 원리에 의해 OH^- 이온의 농도를 증가시키기 위해 $Ca(OH)_2$가 녹는 정반응이 다시 진행되기 때문이다.

10. 아니다. 완충용액은 제조 방법에 따라 다양한 pH 영역에서 작용할 수 있다.

Chapter 6

1. 공기 중 산소가 가연물과 반응하여 다량의 열과 빛을 동반하여 진행되는 빠른 산화반응이다.

2. 가연물, 산소, 점화원, 연쇄반응

3. 활성화에너지

4. H*과 OH* 또는 ・H와 ・OH

5. 헥세인(〈표 6-1〉 참조)

6. 주택(〈표 6-2〉 참조)

7. 시간가중 평균허용농도(Threshold Limit Value-Time Weighted Average, TLV-TWA)를 말하며 하루 8시간, 주당 40시간의 노출시 인체에 유해하지 않은 최대허용농도를 말한다. 흔히 작업장 허용농도라고 말하며 독성가스의 발생 농도와 시간을 곱한 합을 8로 나눈 값이며 미국산업보건회(ACGIH)가 매년 규정한다.

8. 암모니아(〈표 6-3〉 참조)

9. 냉각소화와 질식소화

10. 방진소화작용(HPO_3), 탈수소화작용(H_3PO_4), 냉각소화작용(NH_3, H_2O), 부촉매소화작용(NH_4^+), 질식소화작용(NH_3, H_2O)

Chapter 7

1. 분자간 거리가 액체와 고체에 비해 멀다는 점

2. 작아진다.([그림 7-2] 참조)

3. 같다. 기체의 부피는 분자 개수에 비례하며 분자의 종류와 무관하다.(Avogadro 법칙)

4. 40 g

5. 49.2 L

6. 49.23 L

7. 압력이 커질수록 기체의 밀도가 커져서 분자간 거리가 좁아진다. 그래서 분자간 인력이 분자자체 부피효과보다 기체부피 결정에 더 지배적으로 작용하기 때문이다.

8. H_2

9. 불가능하다.(분자간 인력이 없다)

10. 약 1.4 m

Chapter 8

1. 두 가지 이상의 물질이 고루 섞여 있는 균일혼합물이다.

2. 3 kg

3. 5×10^{-5} M

4. 0.75 N

5. 라울의 법칙(식 8.7)을 만족하는 용액

6. −0.348℃

7. 용해도곱상수(K_{sp})

8. 이온농도곱이 6.75×10^{-6}이고 K_{sp}는 6.5×10^{-6}(〈표 8-4〉 참조)이므로 과포화용액이다. 침전이 발생한다.

9. 단순 사방결정, 체심 사방결정, 저심 사방결정, 면심 사방결정

10. Schottky 결함, Frenkel 결함

Chapter 9

1. Brönsted & Lowry 개념의 염기를 의미하며 H^+ 이온을 받아들이는 물질이다.

2. 리간드는 1개 이상의 비공유전자쌍을 가진 화학종으로서 반응시 전자쌍을 제공하므로 Lewis 개념의 염기(base)이다.

3. 0.01 M

4. 1×10^{-12}

5. 페놀프탈레인(phenolphthalein)

6. 5.6×10^{-10}

7. 5.28

8. 0.125 N

9. 발생한다.(pH 8.15를 넘는 영역이므로)

10. $5.3 < pH \leq 12.4$

Chapter 10

1. a) -1 b) $+7$ c) O d) $+1$ e) $+4$

2. 감소한다.(아래로 내려간다)

3. 1.7 V

4. 0.58 V

5. Na 전극

6. 구리전극

7. $Zn(s) + 2\,OH^-(aq) \longrightarrow Zn(OH)_2(s) + 2\,e^-$

8. $O_2(g) + 4\,H^+ + 4\,e^- \longrightarrow 2\,H_2O(\ell)$

9. 제2류(환원성 고체)

10. 불가능하다.

Chapter 11

1. 115.82 kJ/mol

2. −1234.79 kJ/mol

3. −1219.5 kJ/mol

4. −282.99 kJ/mol

5. 전도, 대류, 복사

6. 172.88 J

7. $\frac{3}{2}$R, 분자운동이 병진운동뿐이므로

8. 0.3

9. 0.6386 J/mol · K

10. 0.980

Chapter 12

1. 분자량이 1000~10000 사이의 물질

2. 폴리올레핀의 제조시 사용되는 복합 촉매이며 중합체의 결정성을 증가시킨다.
   Ziegler 촉매 : $Al(C_2H_5)_3-TiCl_4$, PE 제조에 이용
   Natta 촉매 : $Al(C_2H_5)_3-TiCl_3$, PP 제조에 이용

3. DOP(dioctyphthalate) 또는 DBP(dibutylphthalate)

4. Nylon6,6(식 12.1 참조)

5. 스판덱스(Spandex)

6. 치환기의 위치가 공간적으로 교대로 배열된 구조(〈그림 12-3〉 참조)

7. 라디칼중합과 이온중합

8. Nylon6의 중합(식 12.3 참조)

9. 분자량의 분포, 천연고분자(단분산성), 합성고분자(다분산성)

10. 수평균분자량(M_n), 중량평균분자량(M_w), 점도평균분자량(M_v)

참고문헌

1. 물리화학, P.W. Atkins 저, 안운선 역, 청문각(서울), 1996년
2. 소방약제화학, 김영수 외 6인 저, 신광출판사(서울), 2006년
3. 소방학개론, 소방학과 교수협의회, 동화기술(서울), 2008년
4. 소방학개론, 최진종 저, 형설출판사(서울), 2004년
5. 소방학개론, 우성천 · 공하성 공저, 도서출판 홍경(서울), 2002년
6. 연소공학, G.L. Borman K.W. Ragland, 김진곤 외 역, 북스힐(서울), 2005년
7. 연소공학, 이규성 외 5인 저, 형설출판사(서울), 2010년
8. 연소공학, 이수경 외 4인 저, 동화기술(서울), 2011년
9. 위험물질론, 현성호 외 5인 저, 동화기술(서울), 2005년
10. 인간과 환경, 김명철 저, 녹문당(서울), 2011년
11. 일반화학, Brown 외 2인 저, 화학교재편찬위원회 역, 녹문당(서울), 2007년
12. 일반화학, J.E. Brady 저, 박면용 외 역, 탐구당(서울), 1995년
13. 화학개론, 김명철 저, 녹문당(서울), 2007년
14. Chemistry of Hazardous Materials, E.Meyer, Pearson(Boston), 2010년
15. Hazardous Materials Chemistry, A.S. Bevelacqua, Delmar(Singapore), 2005년
16. The Chemistry of Fireworks, M.S. Russell, R S C Publishing, 2009년
17. The Chemistry of Fire, Matthew, Nabu Press(London), 2011년

찾아보기

A

B

C

D

E

F

G

H

I

N

O

P

T

ㄴ

ㅂ

ㅅ

ㅇ

ㅈ

ㅊ

ㅎ

기타

저자약력

김명철(金明哲)

1983　경북대학교 공업화학과 졸업(공학사)
1985　경북대학교 대학원 공업화학과 졸업(공학석사)
1988　경북대학교 대학원 공업화학과 박사과정 졸업(공학박사)
2001.1～2002.1　Univ. of Florida 화학과 방문교수
1991　～현재　경일대학교 소방방재학부 교수

소방화학 [개정증보판]

2012년 6월 20일　초판 발행
2016년 8월 20일　개정증보판 발행
2023년 6월 20일　개정증보판 2쇄 발행

저　자 : 김 명 철
펴낸이 : 김 중 현
펴낸곳 : **녹 문 당**
주　소 : 경기도 파주시 심학산로 12(서패동)
전　화 : (031) 957-2711　FAX : (031) 957-2710
신고번호 : 제406-1997-000055호

ISBN 978-89-88684-84-9　93430　　값 20,000원